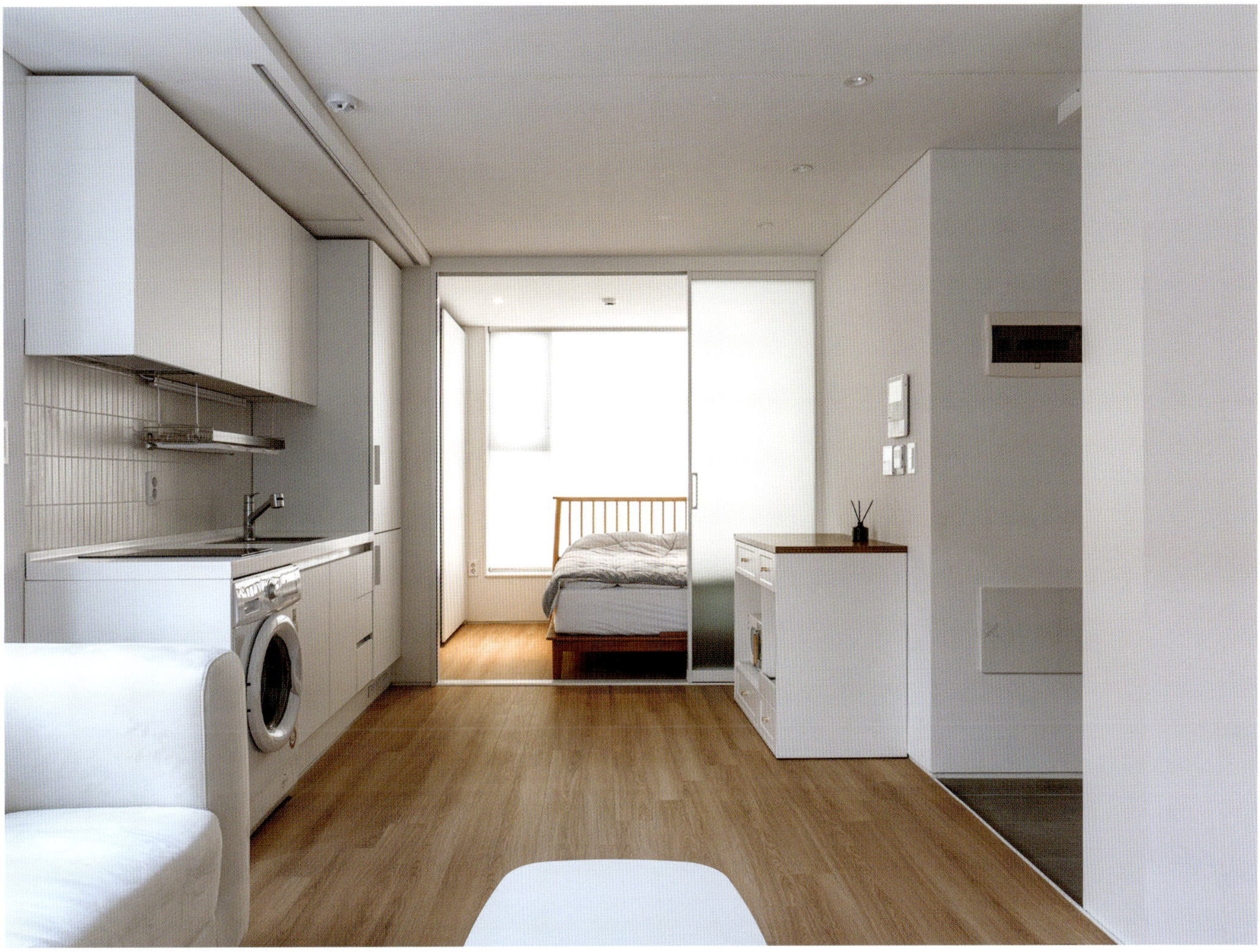

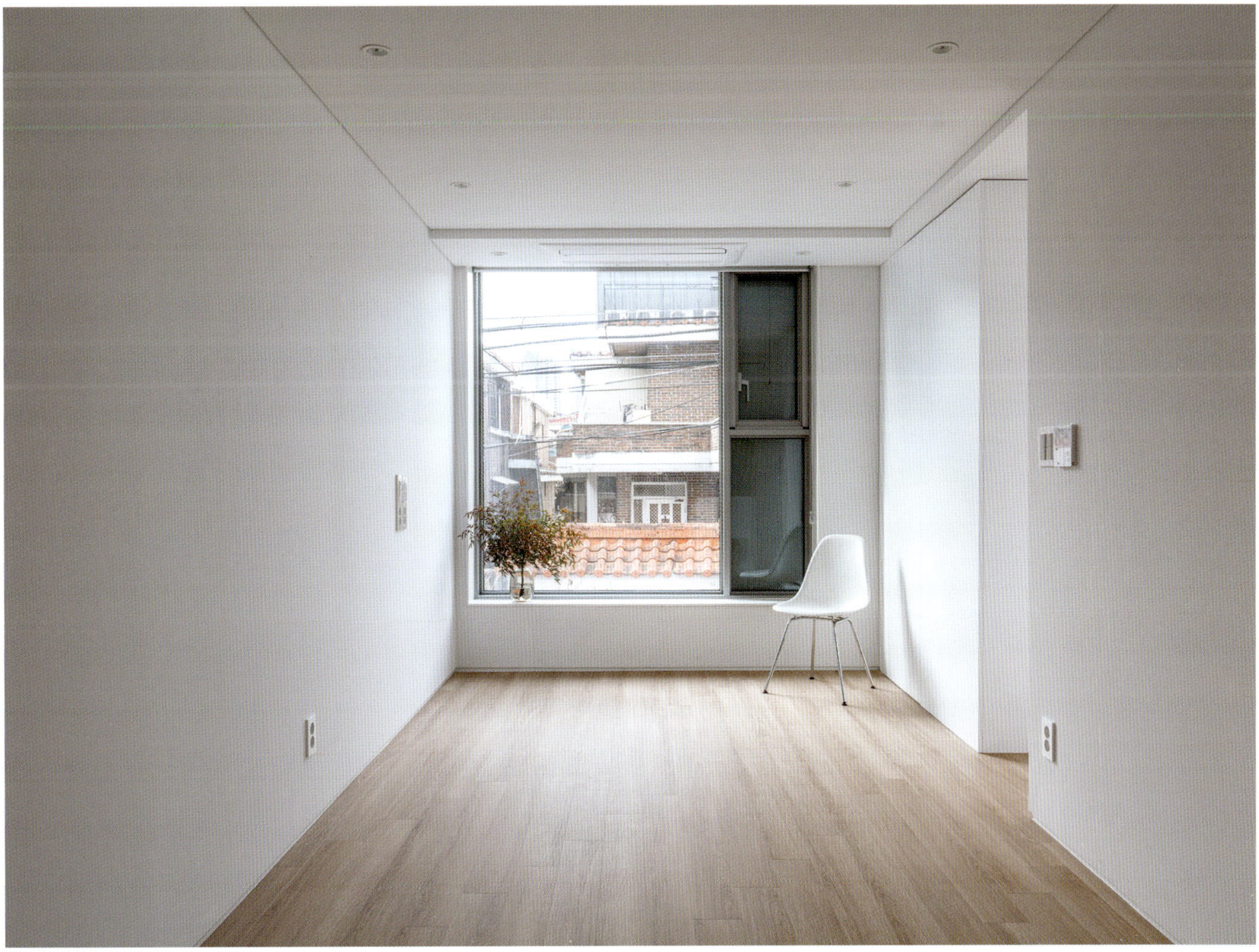

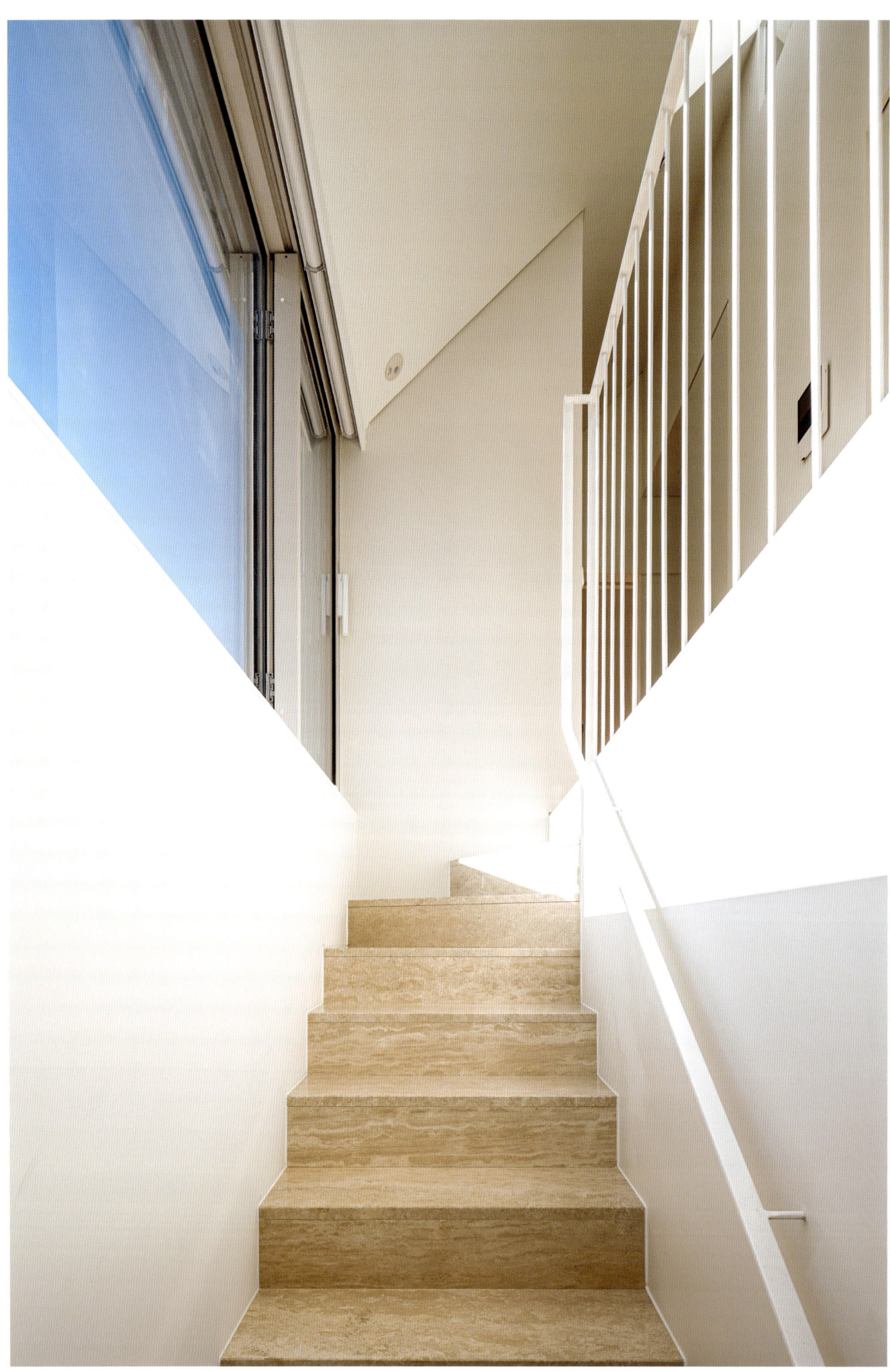

1 6개 임대형 원룸과 4인 가족을 위한 주인 세대, 1층 근생 임대 공간이 포함된 60평 대지 위의 작은 다세대주택. ⓒ송유섭
2 1980년대 조성된 개포택지로서 동일한 방위와 크기로 잘려진 필지의 이웃들. ⓒ송유섭
3-4 편리한 주차 공간과 여유로운 임대 공간을 수용하는 1층. 코어를 제외한 나머지 전체를 비우기 위해 2, 3층은 비렌딜 트러스(vierendeel truss)로 처리했다. ⓒ송유섭
5 라운지형 공간으로 계획된 1층 임대 공간. 높은 층고를 그대로 활용한 창들이 건물 후면의 작은 정원을 향해 나 있어서 아늑하면서도 개방적이다. ⓒ김남건축
6-7 평수는 작지만 볕이 잘 들고 환기가 잘 되는 2, 3층 임대 공간. 큼직한 창이 배치된 입면은 외벽이자 트러스로 작동한다. ⓒ송유섭
8 임대 공간의 계단실. ⓒ송유섭
9-11 비슷한 시기에 설계된 김남건축의 다가구·다세대 연작은 계단과 손스침 같은 마감들이 각기 다르게 처리되었다. 서로 다른 것을 만들고자 한 건축가의 의도 때문이다. ⓒ송유섭
12 일조 사선제한으로 얻어낸 4층 테라스. ⓒ김남건축
13 4-5층 주인 세대는 철골구조를 사용하여 외벽 두께를 줄였다. 특히 5층은 외벽 전체를 철골 트러스로 만들어 넓은 스팬을 가지면서도 보와 슬래브가 얇아졌다. 덕분에 4층은 더 높은 층고와 개방감 있는 공간이 되었다. ⓒ송유섭
14-15 주인 세대의 계단실과 복도. ⓒ송유섭
16 5층 욕실과 복도 너머 화장실. ⓒ김남건축
17 5층은 작은 창문들과 맞배지붕으로 간결하게 구성된 '동화 속 집'을 연상시킨다. ⓒ김남건축
18 김남건축은 더 좋은 건축을 위해 다방면으로 예사롭지 않은 노력을 기울인다. 그 노력은 때로는 건축에서의 기술적 성취에 대한 것이고, 때로는 편리하고 효율적인 평면에 관한 것이고, 때로는 공간의 아름다움에 대한 것이다. ⓒ송유섭

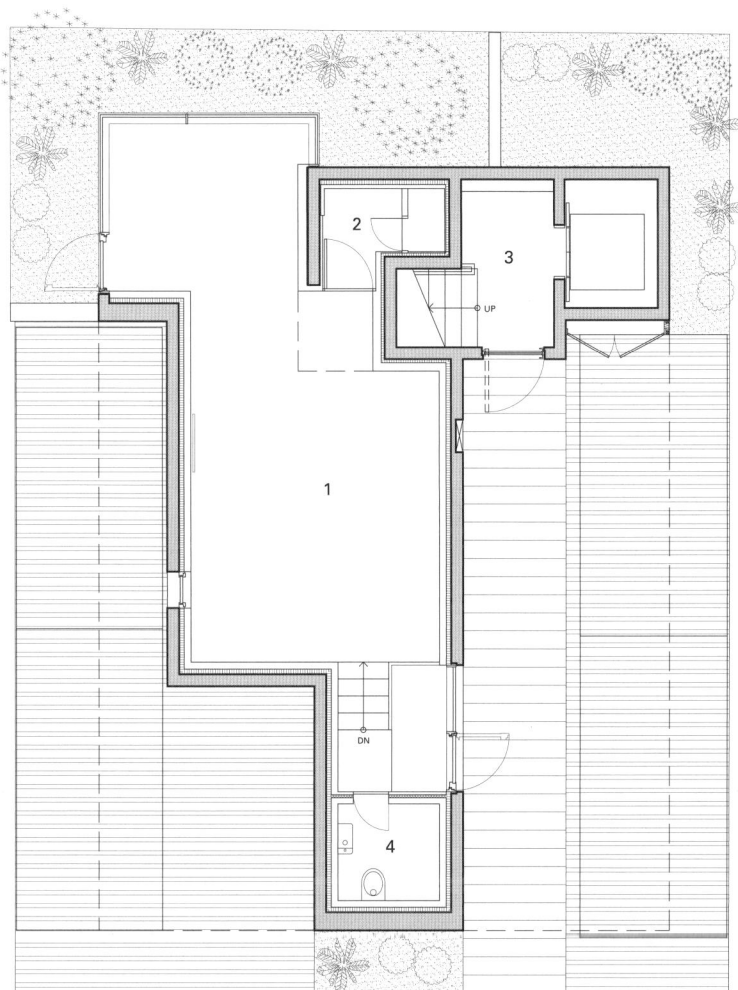

1층 평면도

1 근린생활시설
2 창고
3 계단실
4 화장실

2, 3층 평면도

1 거실
2 침실
3 화장실
4 계단실

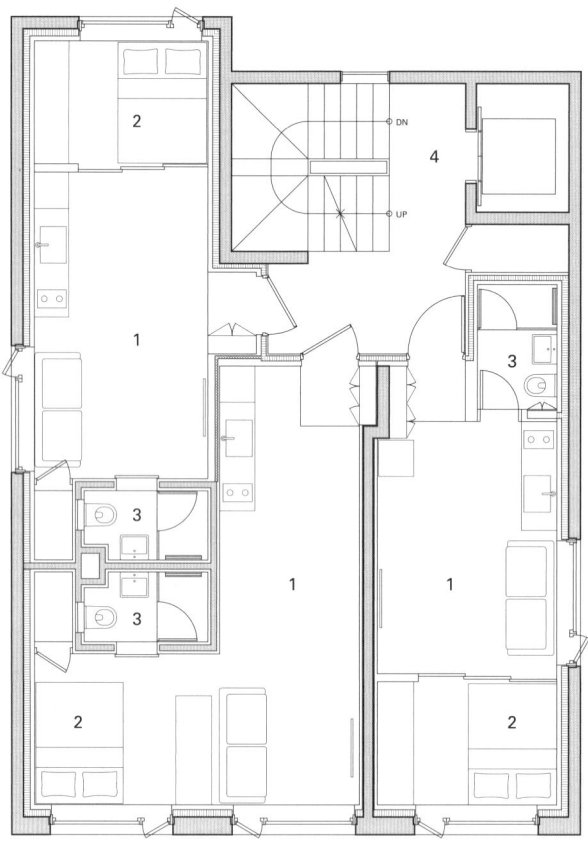

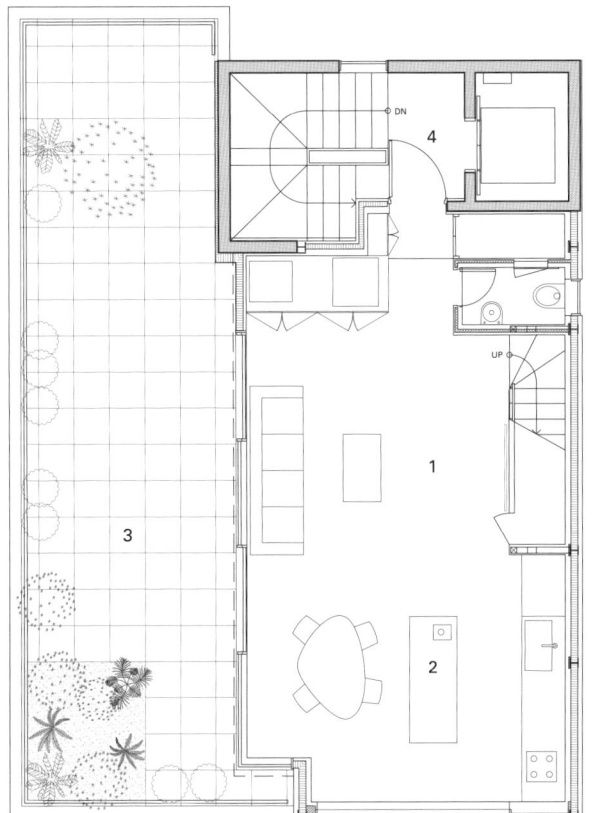

4층 평면도

1 거실
2 주방
3 테라스
4 계단실

5층 평면도

1 침실
2 욕실
3 화장실

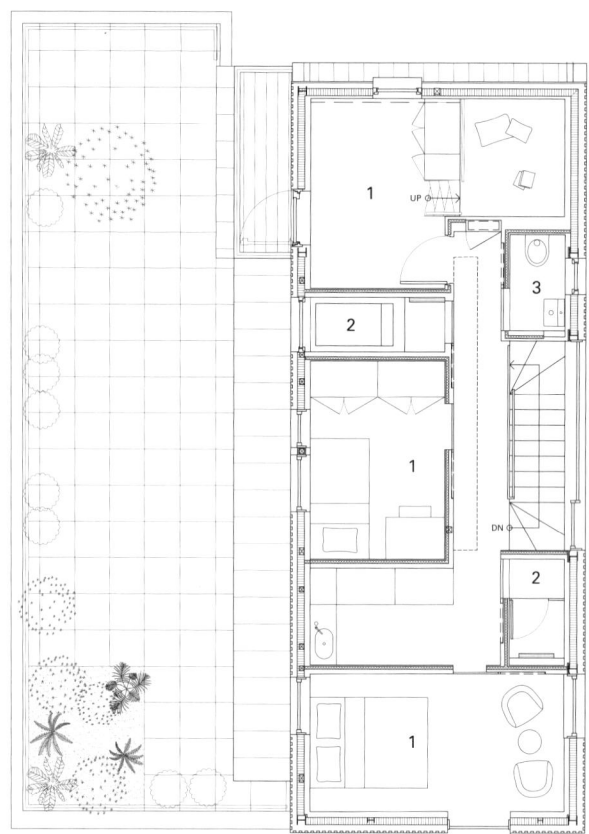

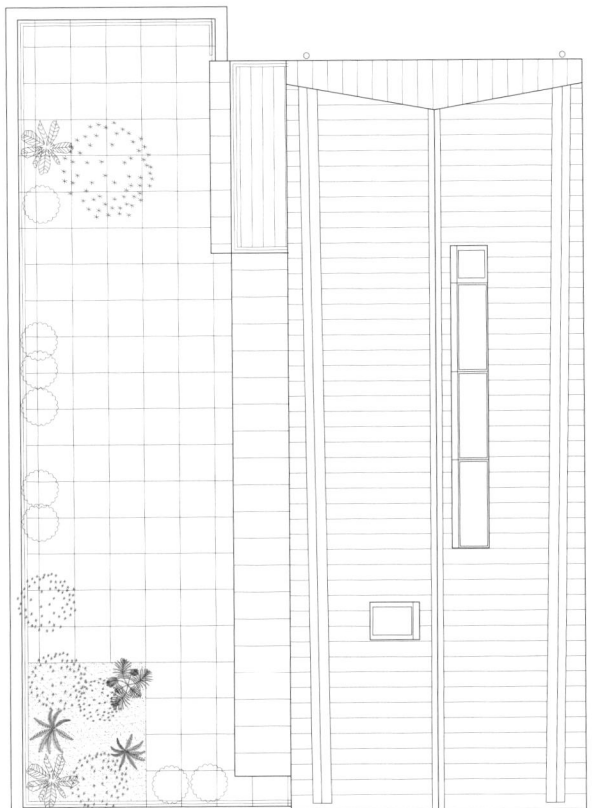

지붕층 평면도

남서측 입면도

남동측 입면도

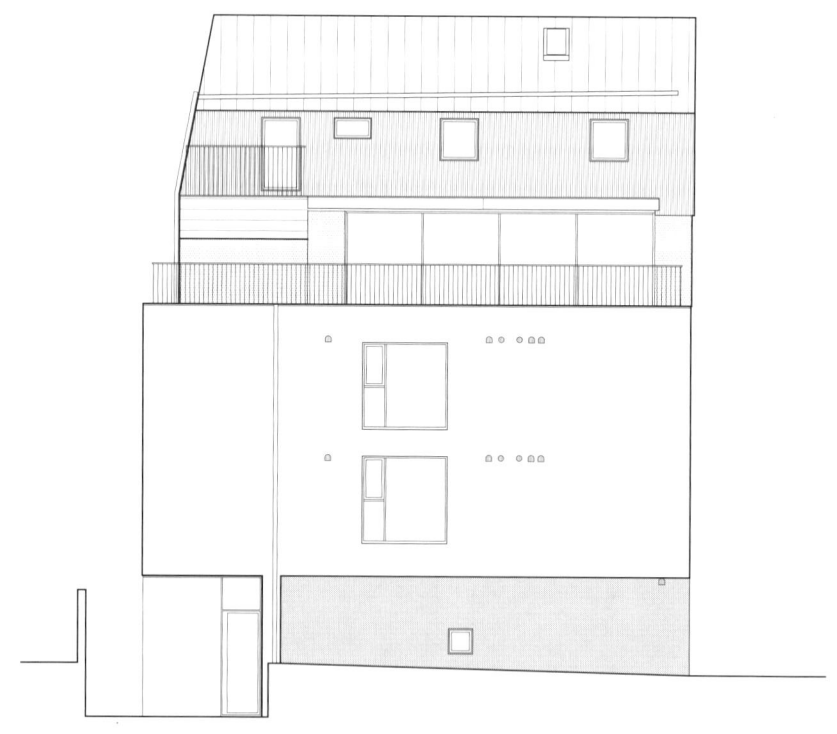

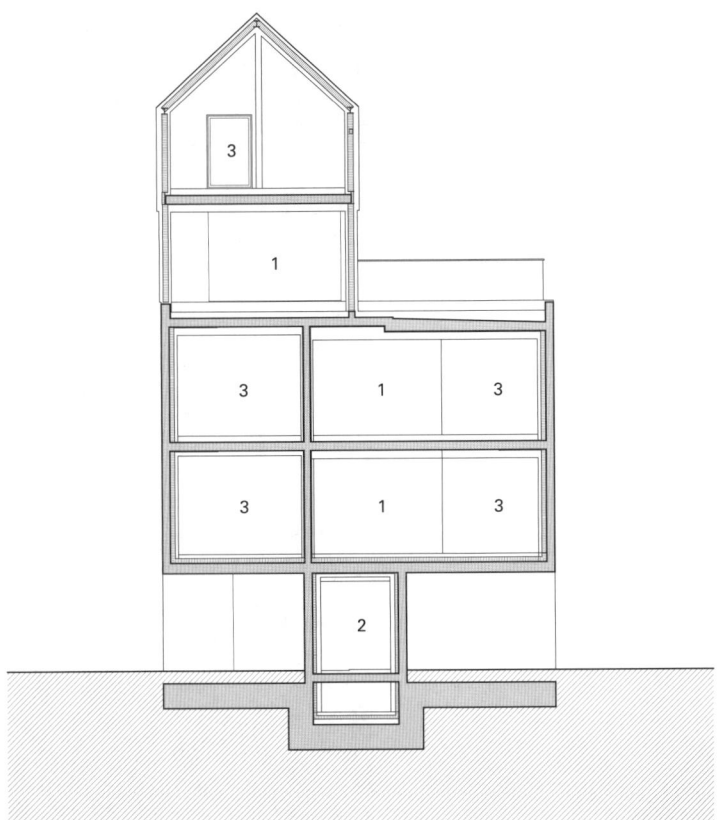

단면도 1

1 거실
2 화장실
3 침실

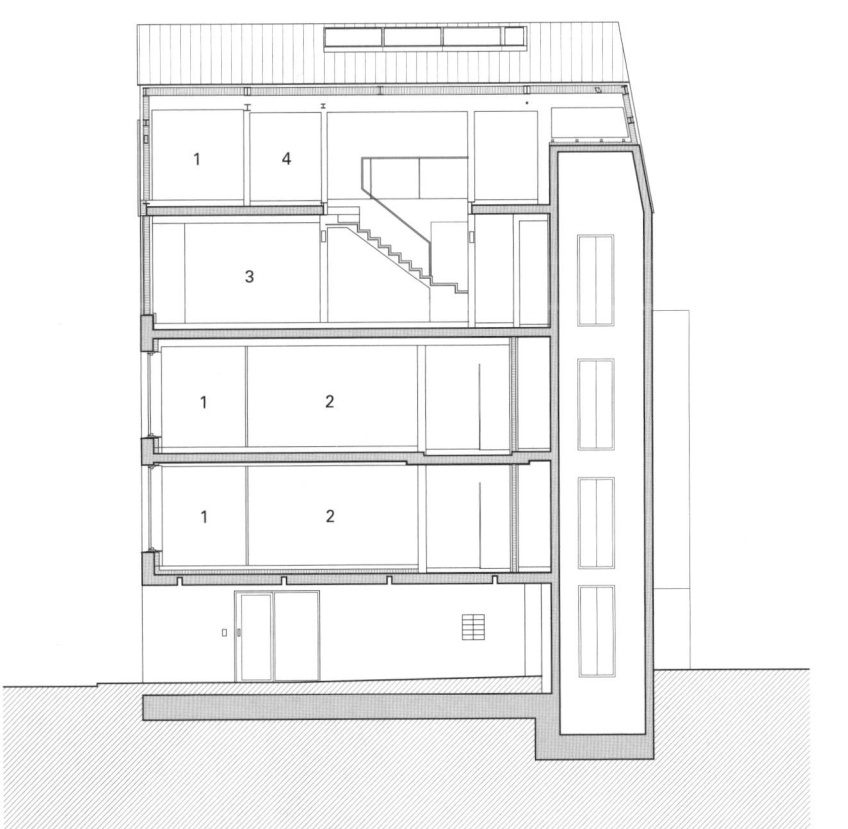

단면도 2

1 침실
2 거실
3 주방
4 샤워실

건축 개요

설계명
일원동 다세대주택
Warm and Cool

설계
건축사사무소 김남(김진휴+남호진)

설계담당
김진휴, 남호진, 이유나

위치
서울특별시 강남구 일원동

용도
다세대주택 및 근린생활시설

대지면적
198.3㎡

건축면적
118.85㎡

연면적
379.69㎡

규모
지상 5층

주차
4대

높이
16.02m

건폐율
59.93%

용적률
191.47%

구조
철근콘크리트조, 철골조

외부마감
노출콘크리트, 스터코, 골강판

내부마감
페인트, 트라버틴, 원목마루

구조설계
윤구조기술사사무소

시공
무일건설(주)

기계설계
(주)기술사사무소 타임테크

전기설계
(주)극동파워테크

조경
어나더가든

설계기간
2019. 12. – 2020. 7.

시공기간
2020. 8. – 2021. 7.

준공
2021. 7. 28.

건축주
개인

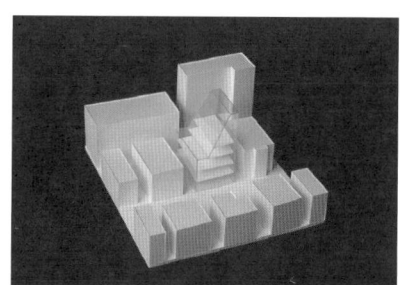

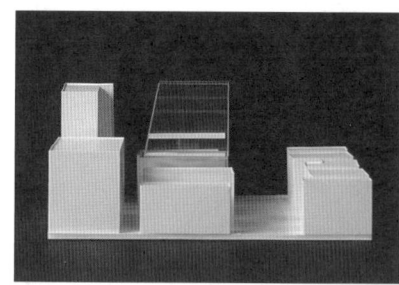

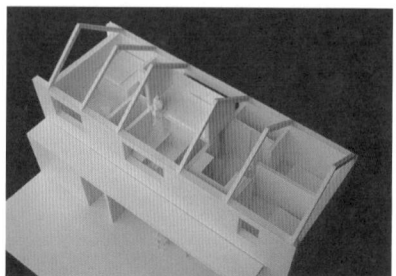

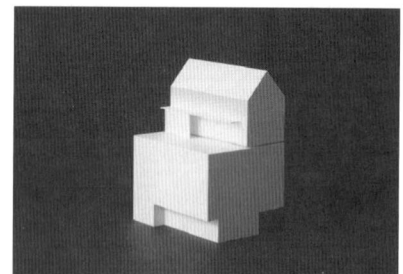

1,2. 2020년 1월 계획 가능 영역 모형
3. 2020년 2월 주인 세대 부분 모형
4. 2020년 3월 초기 모형
5,6. 구조 모형

25   발간사 우동선

28   제6회 한국건축역사학회 작품상 선정 과정 이종우
32   심사평 조민석

38   최종 후보작 크리틱 — 베이직스 사옥 박동민
44   최종 후보작 크리틱 — 빛의 루 도연정

50   수상자의 글 김진휴·남호진

56   수상작 크리틱 1 한승재
62   수상작 크리틱 2 남성택
70   수상작 크리틱 3 박정현

78   특별 기고 1 박인석
84   특별 기고 2 김성홍

90   한국건축역사학회 작품상 운영규정

발간사

제6회 한국건축역사학회 작품상 수상작품집의 발간을 기뻐합니다.
이 작품집이 나오기까지 2024년의 1월부터 12월까지 꼬박
1년이 걸렸습니다. 그렇지만 올해와 같이 순조롭게 수상작을
선정하기까지는 지난 세월의 시행착오가 밑거름으로 작용하였다고
생각합니다.

저는 2018년에 부회장의 자격으로 위원장의 요청에 따라서
작품상위원회 회의에 두어 번 참석한 적이 있습니다. 처음부터
작품상의 의의와 방향을 두고 의견 대립이 심했습니다. 평론가들은
정말 말이 많은데 남의 말을 거의 듣지 않습니다. 그 극한을
같은 해 가을의 학술세미나 등에서 살필 수가 있습니다만, 자료를
얼른 찾지 못하겠습니다. 결국, 제가 듣고 있다가 참지 못해서
질문을 했던 장면이 떠오릅니다. 그 후로 제5회 수상작 선정까지의
일들이 교훈이 되어서, 이제는 나름대로 하나의 방법론이 성립된
것처럼 보입니다.

저는 회장에 취임할 무렵에 이사진 구성에서부터 이종우 교수를
부회장으로 하고 작품상 운영위원회를 맡기려고 작정하였고,
위원회를 부회장 중심으로 운영할 것을 부탁하였습니다.
이종우 부회장은 고심 끝에 운영위원회 규정을 개정하고 위원회를
탄력적이고 효과적으로 운영하였습니다.

올해에 자랑하고 싶은 것은 7월 31일의 진주 답사와 8월 7일의
수도권 답사입니다. 심사위원과 건축가, 작년도 수상자, 이사진이
함께 답사하였습니다. 진주 답사에서는 〈빛의 루〉 이외에도
〈국립진주박물관〉과 〈경남문화예술회관〉을 둘러보았습니다.
김수근과 김중업의 대표작인 이 두 건물에서는 전통을
어떻게 현대화할 것인가를 뚜렷하게 확인할 수 있었습니다. 이는
〈빛의 루〉에서 김재경 교수가 맞닿은 문제의식과 상통합니다.
수도권 답사는 대도시 서울과 교외에서 건물 유형의 존재 양상에
대해 숙고하게 하였습니다. 작품 답사가 앞으로 한국건축역사학회의
연례 잔치의 하나로 자리하기를 바랍니다.

9월 28일의 작품상 토론회는 유튜브로 생중계하였습니다. 최종 후보작에 대한 이론가의 작품 설명과 건축가의 작품 설명이 제법 흥미진진하였습니다. 김재경 교수는 자신의 작업을 동아시아 차원에서 중국 건축사가 량스청(梁思成)의 공포 해석에 견주었고, 김대일 소장은 『3칸×3칸』에서 공간 개념을 따왔다고 말하였습니다. 두 분의 설명이 다소 어색해서 제가 질문하려고 하자, 사회자 조성용 이사가 회장은 질문할 수가 없다고 제지하였습니다. 대신 이강민 이사가 공포와 3칸×3칸에 대하여 설명하였습니다. 이날, 건축가들은 건축 이론을 정확하게 이해하지 못해도 작품 활동을 잘할 수 있다는 것을, 새삼 깨달았습니다. 혹시라도 오해하면 오해할수록 흥미로운 작업이 나올지도 모르겠습니다. 이 두 건축가가 건축의 역사와 이론에 대해서 관심을 두면서 자신의 작업을 이론화하려고 시도하고 있다는 것은 무엇보다도 반가운 일입니다. 이 지점에서 우리 학회와 이 작품상의 존재 이유를 찾을 수가 있을 것만 같습니다. 우리 학회의 정관 제1장 총칙 제3조(목적)에는 "본회는 건축 역사와 이론, 비평의 학문적 계승과 발전 및 건축 문화의 진흥에 기여함을 목적으로 한다"고 적혀있기 때문입니다. 독자들께서는 이 수상작품집을 이러한 관점에서 읽어주셔도 좋겠습니다.

최종 후보작이 세 동(棟)이라는 말을 들었을 때, 우열을 가르기가 힘들어서 공동 수상은 규정에 없는지를 물었습니다. 우여곡절 끝에 한 편으로 수상작이 결정되었습니다. 수상자인 김진휴·남호진 소장에게 축하의 말씀을 전합니다. 이 두 분이 대도시에서 다세대주택의 존재 방식을 고민한 결과가 수상으로 이어졌다고 평가합니다. 다세대주택이 한국건축역사학회의 연구 대상임을 다시 확인합니다. 김대일 소장과 김재경 교수에게 감사의 말씀을 전합니다. 앞으로도 좋은 작품을 내주시기를 기대합니다.

이종우 부회장을 비롯하여 위원회의 최원준 교육이사, 조성용 이사, 도연정 이사, 박동민 이사, 남성택 교수, 박정현 박사, 조민석 건축가에게 감사합니다. 급한 원고 청탁에 응해준 학회 외부의 세 분 필자에게 감사합니다. 또, 출판 관계자에게 감사합니다. 마지막이지만 덜하지 않게, 작품상을 후원해주는 심원문화사업회 이태규 대표와 신정환 사무장에게 감사합니다. 혹시 누락이 있을지 모르겠습니다만, 이 수상작품집에 관련한 모든 분에게 감사합니다. 시상식과 작품집을 즐겨주시면 좋겠습니다.

2024년 12월

우동선
한국건축역사학회 회장
한국예술종합학교 교수

선정 과정 및
심사평

제6회 한국건축역사학회 작품상 선정 과정

이종우
한국건축역사학회 부회장
명지대학교 교수

여섯 번째 작품상

(사)한국건축역사학회(회장 우동선)가 수여하는 작품상이
올해로 6회째를 맞이한다. 2년간의 준비 끝에 2019년에 김광수의
부천아트벙커를 수상작으로 시작된 작품상은 이후, 최욱의
가파도 프로젝트, 황두진의 노스테라스, SoA의 통의동 브릭웰,
조민석의 원불교 원남교당을 수상작으로 배출하며 건축상으로
자리를 잡아 가고 있다. 건축역사학계와 실무 건축계 사이의
접점을 찾으며 건축 역사 담론의 확장을 추구하는 작품상은 작가가
응모하는 것이 아니라 학회 및 작품상위원회의 추천과 심사로
운영된다는 특징을 유지하고 있으며, 올해 초 2년을 임기로 하는
네 번째 작품상위원회(위원장 이종우)가 구성되었다.

작품상위원회 구성과 방향 설정

작품상의 세부 선정 기준을 정하고, 수상 후보 작품의 추천 및
선정 절차를 총괄할 제4기 작품상위원회는 남성택(한양대),
도연정(건축연구소 후암연재), 박동민(단국대), 박정현(연세대),
이종우(명지대), 조성용(광운대), 최원준(숭실대)으로 구성되었다.
작품상 최종 선정을 위해 구성되는 작품상선정소위원회는 전년도
수상자인 조민석이 외부 심사위원으로 참여하였고, 작품상위원회의
위원장 및 위원 3인이 참여하였다.
　　작품상위원회는 3월 초, 학회 전 회원을 대상으로 후보작
추천을 받았고, 3월 30일에 개최된 첫 작품상위원회 회의에서는
올해 작품상의 방향성을 모색하며 역대 작품상의 추천작 및
후보작 점검, 운영 방식과 규정의 점검, 작품상 대상 수상자에게
수여되는 작품집 개선 방안 논의가 이루어졌다.
　　위원회는 "건축 및 도시의 역사적 맥락을 뛰어나게 해석하여
적층된 시간의 힘을 창의적으로 드러낸 최근 준공작"을 선별해

시상한다는 작품상의 기본 명제를 지켜나가면서도, 이 과정을 통해
건축이 갖는 시간성에 대한 논의를 확장시키는 계기를 마련한다는
데 뜻을 모았다.

    이를 위해 위원들은 단순히 결과물의 품질, 작품의 완성도를
평가의 기준으로 삼을 것이 아니라 건축이 갖는 시간성의 문제를
새로운 시각에서 보여주며, 이 문제를 훌륭히 풀어낸 작품을
찾아보는 데 특별한 노력을 기울였다. 그리고 작품상의 운영 방식,
작품집 구성에 대한 검토를 통해 이러한 취지가 잘 살아날 수 있는
방향을 모색하였다.

3월 말 첫 모임을 시작으로, 최종 후보작 세 작품을 추천하기까지
총 5차례의 대면 및 비대면 회의가 있었고, 3차례 온라인 투표를
포함하여 수많은 SNS 의견 교환이 있었다.

    건축가들의 작업들을 선별하고 평가하며 이 과정에서
건축의 시간성에 대한 논의를 확장해 보려는 시도는 위원들의
추천작에서도 확인된다. 건축과 도시의 경계를 점하며
장소의 정체성 형성에 기여하는 옥외 구조물, 건물의 완공보다
이후의 운영에 중점을 둔 협동조합 프로젝트, 건축물의 존재를
다시금 생각하게 만드는 철거된 건물의 인스톨레이션 등도
추천작에 포함되어 경합을 벌었다.

최종 후보작 세 작품

수차례의 치열한 회의와 거듭되는 투표 끝에 2024년 6월 10일
세 개의 작품을 최종 후보작으로 선정하였고, 무더웠던 7월 말과
8월 초에 현장 답사를 진행한 뒤 9월 28일 작품상 후보작 토론회를
개최하기에 이르렀다. 세 작품을 간단히 소개하면 다음과 같다.

먼저 건축가 김대일이 설계한 베이직스 사옥은 1970년대에 형성된
공무원 주택 단지 내에 자리잡은 벤처기업의 작은 사옥이다.
건축가는 벽체와 담장의 배열, 높이의 조절을 통해 주변 맥락과
이질적인 새로운 건물 사이의 관계 설정을 시도한다. 또한
들어열개창, 수제작 덧문, 3칸×3칸 공간의 도입 등을 통해서 한국
전통건축의 의장적, 공간구성적 특징을 참조하고 현대적인 적용을
시도했다. 이러한 과거 건축의 고려와 참조는 백색의 단순
기하학적 형태와 접목되어 흥미로운 역사적 논의거리를 제공한다.

건축가 김재경은 2013년부터 동아시아 목구조 건축에 대한 연구를
바탕으로 일명 '나무 시리즈'로 불리는 일련의 실험적인 건축

프로젝트를 진행 중이다. 역사적 양식의 차용에 머무는 것이 아니라
동아시아의 목구조는 목재의 적층을 기초로 한다는 해석을 바탕으로,
디지털 제작 기술을 접목시켜 체계적이면서도 화려한 목재건축을
발전시키고 있다. 작품상 최종 후보작에 오른 빛의 루는
이러한 실험적 프로젝트 중 하나이며, 지자체의 긴밀한 협력 속에서
진행되었고, 진주 남강변에 위치한 촉석루를 참조하며 새롭게
되살렸다.

건축가 김진휴, 남호진의 웜 앤 쿨(일원동 다세대주택)은
촘촘히 분할된 필지 위에 세워진 주거 건축물이다. 도시 건축의
보편적 현실이지만 건축물에 부과되는 강한 경제적 논리와 설계의
익명성으로 인해 건축적, 역사적으로 충분히 평가받지 못했던,
1980년대 이후 형성된 건축 유형으로서의 다세대주택의
한 사례이다. 건축사사무소 김남(이하 김남건축)은 법규와 돈의
논리가 지배적인 이 건축의 영역 속에 뛰어들어 치열하게
작업하고 해법을 찾아냈는데, 그 과정에서 기존 유형에 변화를 주는
과감한 공간적, 구조적, 양식적 실험을 통해 "지역적 건축"의
주제를 확장시키는 데 이르렀다.

대상작의 선정

9월 28일 서울도시건축전시관에서 개최된 작품상 후보작 토론회 이후
대상작 선정을 위해 개최된 소위원회는 우열을 가리기 힘든 세 개의
후보작 중에서 하나의 대상작을 가려내야 하는 어려운 임무를 맡았다.
긴 회의 끝에 김진휴, 남호진의 일원동 다세대주택을 선정하였다.
한국 현대건축사의 특수하고 복잡한 하나의 건축 유형을 다루면서도
명시적인 역사적 참조나 리노베이션 건축물과 같은 물리적인
시간적 적층을 갖지 않는다는 점에서 다른 어느 수상작보다 건축의
시간성에 대한 섬세한 논의를 촉발하리라 기대한다. 이 책에 담긴
글들 속에서 그 논의의 다양성과 스펙트럼을 확인할 수 있을 것이다.
  이번 작품집은 대상 수상작의 소개와 세 편의 비평문,
전년도 수상자의 심사평 외에도 최종 후보작 두 작품에 대한 비평문,
대상 수상작과 관련된 건축 주제에 대한 두 편의 연구자의 글이
실린다는 점에서 이전의 작품집과 차별점을 갖는다. 작품상을 통해
건축 작품에서 출발하는 건축의 역사성에 대한 논의가 풍성해지기를
기대한다.
  개정된 규정에 따라 최종 선정된 하나의 작품에는
'한국건축역사학회 작품상 대상'이, 두 개의 최종 후보작에게는
'한국건축역사학회 작품상 우수상'이 수여된다.

심사평

세 작업의 각기 다른 미덕

조민석
매스스터디스 대표
제5회 한국건축역사학회 작품상 수상 건축가

특별한 심사 방식

올해로 6년째 수여되는 한국건축역사학회의 작품상은 특별한 심사 과정을 통해 진행된다.
    우선 후보작들은 공개 응모 방식이 아닌, 학회 정회원 및 작품상위원회의 추천을 받아 최종 선정되며, 이후 작품상선정소위원회에 의해 수상작이 가려진다. 각 위원회는 대부분 건축 역사·이론가들로 구성되는데, 나는 실무 건축가임에도 전년도 수상자 자격으로 작품상선정소위원회에 초대받았다. 1차로 추천 작품을 세 개의 최종 후보작으로 좁힌 후 진행되는 2차 수상작 선정 심사에 참여한 것이다.
    2차 심사 과정은 두 단계로 이루어졌다. 먼저 현장에서 건축가 세 팀의 설명을 직접 듣는 시간이 주어졌으며, 이후 각자의 작업에 관한 부연 발표와 이 건축가들의 작업에 관심을 가진 세 역사·이론가의 발표가 교차하는 심포지엄 형식의 자리가 마련되었다.
    음식에 비유하자면, 먼저 셰프의 음식을 맛본 후 직접 레시피에 관한 부연 설명을 듣는 것과 같다. 건축은 보완적 관계를 가지는 감각과 사고를 통해 이해되기에 필요한 방식이다. 여기에 비평적 거리를 둔 제3자, 즉 역사·이론가들의 노력은 이해를 더욱 풍부하게 한다. 레시피에 포함된 중요한 재료가 단순 식자재를 넘어선, 시간을 매개로 한 개인·공동의 경험과 관습에 연유한 기억이라는 사실은, 역사와 관계하는 건축의 방식과도 닮았기에 그렇다.
    야심적인 건축물이 특이성(Singularity)과 패러다임적 사고(Paradigmatic Thinking) 사이의 긴장 속에서 창출된다면, 이렇듯 세심한 건축역사학회의 심사 방식은 적절해 보인다.

베이직스 사옥

1980년대 중반, 공무원 단독주택 단지로 개발된 후 수십년 간 정체되어 온 경사지 마을의 가장 앞줄 부지의 3층 사옥 건물이다. 상부 3층 공간은 전라남도 아홉 칸 정자 구성 논리를 기반으로 구성되었다고 했지만, 팔라디오의 로툰다 평면 구성이라 해도 수긍할 정도의 기율적 간결함에서 출발한다. 그러나 정자의 기단(또는 피아노 노빌레) 하부인 아래 두 층은 경사 지형과 관계를 맺어야 하기에, 상부와는 대조적으로 주변과의 대화를 통해 풍부한 공간 경험을 만든다.

띠창의 검박한 백색 상자는 지난 세기 국제주의적 인상을 강하게 드러내며 가까운 과거의 특정 시대 언어로 박제된 듯한 이곳에, 절제된 화법으로 주변과 구별되면서 추상으로 새로운 에너지를 불어넣는다.

그리고 이 순수함에 더해진 작은 공예적 요소들이 마치 숨은 그림 찾기처럼 건물 안팎에서 드러난다. 미묘하게 감각적인 요소들은 이 지역 생성기의 버내큘러(vernacular)로 간주될 수 있는 벽돌 건물들, 축석들로 규정된 도시건축적 맥락과 섬세한 시간적 완충의 배려로 독해되기도 한다. 보편성의 내부 논리에서 출발한 공간이 외부의 특이성과 마주하면서, 이들을 연결하려는 이 독창적이며 효과적인 대응 방식은 수수께끼 같은 여운을 만든다.

건축가 김대일의 발표는 다른 두 건축가와 달리 자신의 작업 맥락을 통해 이를 부각시키지 않은 점이 흥미로웠다. 그러나 의도와는 달리, 방문한 현장에는 인접 부지에 같은 의뢰인을 위한 비슷한 규모의 새 사무실이 추가로 지어져, 이를 함께 들여다보고 작업의 내부적 맥락을 살펴볼 수 있었다.

이때 첫 건물에서 선택한 체계를 두 번째 건물에서도 좀 더 철저히 적용하고 변주했더라면, 결합력을 갖고 보다 강력해질 수 있지 않았을까 하는 생각이 들었다. 이는 그가 출발의 유전자로 삼은 체계가 완결되지 않았기에, 충분히 다양한 방향으로 변화할 가능성이 보였기 때문이다. 인접 건물은 심사 대상이 아니었지만, 특이성과 패러다임적 사고 사이의 긴장이 다소 느슨해진 상태를 보여주었다.

일원동 다세대주택

1980년대 조성된 일원동의 저밀도 다세대 주택 지구에 새로 들어서기 시작한 고밀도 주거 유형이란 측면에서, 첫 번째 심사 대상과 도시 맥락적으로 유사한 지점에서 출발한다. 차이가 있다면 이곳은 평지이다.

발표 도입부에 주변 지역 외에는 어떤 역사성에 관한 언급이나 참조 의지가 없어 다른 작업들의 발화 방식과 사뭇 구별되었다. 역사학회의 작품상 후보라는 것을 의도적으로 의식하지 않은 건가 싶은 생각이 들 정도였다.

네 명으로 구성된 한 가족과 일곱 임차인, 총 여덟 세대가 공존하는 이 5층 건물은 발, 몸통, 머리라 부를 수 있는 특징적인 삼단 구성을 보여준다. 하지만 건축가 김진휴와 남호진은 이러한 구성상의 명징함을 당위성으로 주장하지는 않는다. 대신 그들은 비슷한 전제에서 촉발되었지만 주어진 조건의 소소한 차이를 기회 삼은 과거 작업들을 소개하며, 그것들로부터 전개되어 온 형태와 유형 사이의 고민들을 솔직히 드러낸다. 덕분에 특정 심사 대상의 구성이 도그마틱한 태도에서 연유된 것은 아니라는 사실을 알게 된다. 그러나 그들의 연작 중 이 작업의 명징함이 시간성의 한계에서 비교적 자유로워 보이는 것은 미덕이다.

현장 방문에서 그들은 이 장소에 부가된, 타의 혹은 자의적으로 주어진 다양한 도전 조건들, 그리고 이와 쌍을 이루는 다양한 극복 또는 혁신 방안을 발에서 머리까지 수직 여정을 통해 담백한 언어로 나열하였다. 거대 담론에 기대지 않았지만, 결코 하찮을 수 없는 따로 또 같이 사는 문제에 관한 과제들이 특정 구조의 형식과 평면·입면 구성, 소소한 디테일들로 번역된다.

최상층인 머리는 박공 지붕 아래 거주할 네 명의 가족에겐 다분히 협소한 침실 층이다. 이 제한적 상황은 구성원들로 하여금 화장실·세면대·욕실의 행위를 해체시킨다. 공간 효율성을 높이는 이러한 재구성 방식은, 4인 가족의 색다르지만 친밀한 아침 일상을 떠올리게 한다. 이 시대·지역의 특이성이 건축이라는 매체의 다양한 물리적, 비물리적 요소와 방식으로 번역되며, 일종의 버내큘러 프로토 타입으로 정교하게 작동하는 상상이다.

그리고 이 대목에서 다섯 층의 여정을 인도하며 조용히 함께한 의뢰인의 응원이 최후 변론처럼 등장한다. 종종 심사를 해왔지만 이것은 흔한 일이 아니며, 버내큘러 장르의 건물 생산기제 중심에는 이용자의 행위가 있기에 매우 특별한 확인이다.

빛의 루

건축 작업으로서 빛의 루는 앞선 두 작업과 도출 과정이 판이하게 다르다. 이는 건축가 김재경이 '토끼굴'이라고 표현한, 지난 7년 여간 집요하게 확장시킨 연구와 실무·실험 여정에서의 한 지점이다. 그에게 공포 구조는 동아시아의 광범위한 지역과 시대를 포괄하는 비교 연구 대상이자, 이 시대 기술로 재해석되어 동시대성을 획득하며 진화시키고자 하는 건축의 주제이다.

진주 현장 방문 이후 함께 찾은 근처의 70년대 김수근, 80년대 김중업 작업들은 심사 대상의 역사적 배경이 된다. 시간의 거리가 생겨난 탓도 있겠지만, 이 두 참조점을 지금과는 판이하게 다른 시대의 에토스에 기인한 '기념비성' 산물로 단순 치부하기에는 불충분해 보인다. 이는 시대적 특이성을 넘어 간과되었던 미덕들이 발견되기 때문인데, 이 부분은 반 세기의 시차를 가진 이 건축가의 여정과도 관계할 것이라 추측하게 된다.

도시 맥락적으로 진주 남강변 나루터의 부속시설인 이 새로운 형식의 공포 구조 건물은, 기념비성을 갖는 과거의 예들과 스케일에서 비교가 안 되지만, 남강의 열린 선형 도시 공간 속에서는 효과적으로 우아한 존재감을 드러낸다.

건축가는 특정 구법에 매혹되어 그 자체로 순수하게 설명되며 작동하는 세계를 꿈꾼다. 그러나 현장 방문에서의 내부 경험과 심포지엄 발표에서 보여준 정교한 구조 모형의 순수함 사이에는 적지 않은 간극이 보인다. 파빌리온을 넘어서 건물이 되기 위해서는 주어진 구조, 안전, 내화, 환경 등 잡다한 현실 속 기준들을 통과해야 하기 때문이다.

건축에서 역사를 참조해 특정한 건축 요소를 폭넓고 깊이 있게 연구하며, 이를 새로운 방식으로 현실화하고자 제도와 부딪히는 동시에 다수와의 합의를 통한 길을 만들어 나가려는 시도는 남다른 고강도 노력이 요구된다. 그래서 이런 종류의 건축 행위는 흔치 않으며, 매우 가치 있는 것이다.

결

세 작업은 각기 특별한 지점에서 미덕을 가지고 있다. 각 건축가들이 드러낸 고유한 미덕들은 음식의 맛과 레시피에서 출발해 감각과 사고, 특이성과 패러다임, 건축의 내부 독자성과 외부 의존성, 실무와 연구, 결과물과 과정, 형태와 유형, 기율과 변주, 기념비성과 일상성, 명료함과 불가사의함, 국제주의와 풍토주의, 건축가가 있는 또는 없는 건축 등 건축 작업이 위치할 수 있는 다양한 대립 이항 사이, 복합적인 지형도의 특정 지점에 위치하며 비교된다.

결과적으로는 각기 다른 방식으로 역사와 관련한 건축가의 태도, 역할, 파생되는 방법론의 다양함을 시사했다. 수상작 결정이 작은 역사화의 노력이라면, 지금 시점에서 역사화로 조명될 대상으로는 어떤 것이 적절할지에 관해 심사위원들과 진지한

의견을 나누었다.

긴 논의 끝에 김남건축의 일원동 다세대주택이 수상작으로 결정되었는데, 이는 심사 과정에서 상대적으로 직접적인 역사적 참조나 언급이 적었던 대상이기에 혹자는 고무적으로 받아들일 수도 있을 것 같다.

나에게 이 작업의 첫 번째 수상 이유는, 이 상이 단일 건축물, 한 특이점에 주어지는 것이라는 사실에 근거할 때, 음식으로 비유하자면 세 가지 한상차림 중 완성도로 두드러지게 감각된 '맛'이었다. 그러나 동시에 중요한 둘째 이유는, 이 작업의 레시피가 패러다임적 역사 의식을 노골적으로 드러내지는 않지만 소박하게 특이성에 머무른 작업이 아니고, 현실에서 주어진 특정 장르의 과제를 가지고 실무 연작을 통한 피드백으로 진행시켜 온 치밀한 연구 과정의 한 지점이어서다.

동시에 개인적으로 더 넓게는, 현재 수상자가 속한 세대의 무수한 건축가들이 이 장르의 건축에 쏟는 노력에 대한 응원이기도 했다. 거대 서사를 배경으로 한 대문자 A 건축의 대척점에서, 저밀도 골목길 도시 조직을 기반으로 한 유형과 형태 사이, 건축가 없는 건축과 작가주의 건축 사이의 구분이 무색해지는 건축가의 개입은 비교적 최근의 일이다. 좋은 디자인은 좋은 재테크의 수단이 된다는 다소 세속적인 사회적 합의 하에 전개되는 일로 지나치게 단순화할 수도 있겠으나, 이 기회를 통해 다수의 건축가들이 치열하고 다양하게 대응하는 방식들에 관해 역사가들의 세심한 관심과 통찰이 요구된다.

나에게 수상작은, 지난 수년간 이 특정한 전쟁터 속 많은 행위들 중에서도 건축가의 태도, 그들이 자청한 역할, 이를 통해 파생시킨 방법론에 관한 미덕들로 두드러졌다. 이는 앞서 열거한 무수한 대립 이항들 사이, 이를테면 건축가와 비건축가 사이에서 그들이 취한 절묘한 균형감의 결과라는 생각이 든다.

조민석
2003년 서울에서 건축사사무소 매스스터디스를 설립했다. 사회 문화 및 도시 연구를 통해 새로운 건축적 담론을 제시하는 그는 2023년 한국건축역사학회 작품상(원불교 원남교당) 수상자이기도 하다. 2011년 광주 디자인 비엔날레 전시를 공동 기획했고, 2014년 베니스 비엔날레 한국관 커미셔너·큐레이터로 황금사자상을 수상했다. 2024년에는 매년 세계적인 건축가들이 독특한 파빌리온을 선보여온 영국 런던의 서펜타인갤러리 프로젝트를 맡아 진행하였다.

최종 후보작

최종 후보작 크리틱

베이직스 사옥
김대일 (리소건축사사무소)

박동민

김대일 건축가의 베이직스 사옥은 어디서나 볼 수 있는 흰 벽의 평범한 건물처럼 보이지만, 범상치 않은 건물이다. 서울 외곽에 위치한 중소기업 사옥이라는 점에서 일상적인 건물이지만, 실험적인 개념과 요소를 과감하게 사용했다. 모던한 외관을 가졌지만, 건물 여기저기에 전통적인 요소를 적극 사용했다. 언뜻 보면 장식없는 국제주의 양식으로 보이지만, 자세히 보면 공예적인 요소도 다분하다.

베이직스 사옥은 고양시 지축동 766-110번지에 위치한다. 이곳은 1970년대에 만들어진 공무원 주택단지의 초입이다. 처음에는 단층의 균질한 주거 유니트가 조밀하게 모인 단지였으나, 최근 들어 보다 큰 매스의 건물들이 하나둘씩 들어서고 있다. 베이직스 사옥은 이 지역의 변화를 대표하는 건물 중 하나다.
    베이직스는 그 이름에서 알 수 있듯이 저렴하지만 기본적인 기능을 갖춘 가전제품을 판매하는 신생 회사다. 건축가에 따르면, 건물의 내외부에 사용된 흰색은 베이직스가 좋아하는 색이었다고 한다.[1] 저렴하고 간단하지만 사람들에게 꼭 필요한 기능을 가진 제품을 공급한다는 회사의 생각은 이 건물의 단순한 외관에 반영되었다. 건물의 흰 벽, 그리고 전면의 크고 긴 띠창은 1920년대 유럽의 국제주의 건축을 연상시킨다.
    하지만 이 건물을 유럽의 국제주의 건물로만 볼 수는 없다. 이를 알 수 있는 것이 석축의 활용이다. 이 사이트는 경사가 있는 구릉지이고, 이를 주택지로 만들기 위해 여러 단의 석축을 쌓았는데, 건축가는 이 석축을 이 자리의 중요한 흔적이라 생각했다. 베이직스 사옥은 기존에 존재하던 석축을 헐어내고 건물이 들어섰는데, 한편으로 보면 기존의 콘텍스트를 파괴한 것이다. 하지만 과거에 있던 석축의 일부를 활용하여 두 개의 사옥 건물 사이에 작은 담장을 만든 점에서 기존의 맥락을 존중하려는 노력을 볼 수 있다. 이 건물이 가진 지역성의 존중은 발터 그로피우스가 1938년에 만든 그로피우스 하우스를

[1] 김대일, "벽으로 디자인한 공간: 베이직스 사옥", 《SPACE》, 2024년 11월 22일 검색, https://vmspace.com/project/project_view.html?base_seq=MjExNw==

연상시킨다. 그로피우스는 미국으로 건너온 지 얼마 지나지 않아 유럽의 국제주의 건축에 뉴잉글랜드 지역 건축에 흔히 사용되는 벽돌, 목재, 돌 등을 함께 사용했다. 이와 마찬가지로 베이직스 사옥은 국제주의 건축의 보편성 안에서 지역성을 추구하고 있다.

　김대일 건축가에게 담장은 입면 디자인에서도 중요한 모티브가 되었다. 정해진 대지에서 사적 공간을 확보하기 위한 장치인 담장의 기능은 이 건물에서 외벽이 담당한다. 담장은 나를 향하는 주변의 시선은 막고, 나에게는 최대한의 빛이 올 수 있도록 한다. 이 건물에서 외벽은 담장의 역할을 한다. 주변의 상황에 따라 창의 높이와 위치를 조절하여 건물의 프라이버시를 높이고자 했다. 건물 후면의 창이 전면 창보다 높은 이유는 더 높은 지대에 있는 뒷 건물의 시선을 의식한 것으로 보인다. 이렇게 만들어진 네 개의 담장이 네 개의 입면이 되고, 하나의 건물이 된다.[2]

　베이직스 사옥에서 남쪽 면은 특히 중요한 위치를 차지한다. 끊어지지 않는 전면의 띠창은 건물 전체에서 가장 중요한 미적 요소가 될 뿐만 아니라, 내부에서 외부를 완전한 파노라마 뷰로 볼 수 있게 한다. 이러한 막힘없는 전망을 위해 건축가는 내부에 내력벽을 사용했다. 구조의 부담 없는 완전한 가로창은 프라이버시 보호라는 기능을 넘어 강한 입면 이미지를 만들어내기 위한 도구로 사용된다. 김대일 건축가에게 있어 전면이 가지는 중요성은 전면의 수평창에 설치된 들어열개창에서도 알 수 있다. 이 창은 홍익대학교 김정현 교수와의 협업을 통해 생산한 것으로, 닥나무 섬유를 몰드에 넣어 창호지 면과 목재틀을 하나의 유니트로 만들었다. 전체 창호 프레임은 수동 장치를 이용해 들어 열 수 있도록 계획했다.

　평면을 보면, 1층은 외부에 열려 있으며 현재 창고로 사용 중이다. 우측의 계단을 통해 2층으로 진입할 수 있는데, 계단은 얇은 철제 스크린으로 막혀 있다. 이 건물에서의 철제 스크린은 외부인을 물리적으로, 그리고 시각적으로 차단하는 의미를 가지고 있다. 스크린은 전통 창호의 패턴에서 모티브를 얻은 것으로 보인다. 건물의 2층과 3층은 현재 넓은 대공간으로 이루어져 있다. 원래 3층은 직원들의 업무 공간이었는데, 옆에 새롭게 사옥이 하나 추가되면서, 직원들의 업무 공간이 빠지면서 현재는 2층과 3층 모두 대공간으로 사용 중이다.

　베이직스 사옥의 평면은 한국 전통건축의 평면구성인 3칸 3칸에서 영향을 받았다. 3칸 3칸은 전면과 측면이 각각 세 칸씩으로 이루어진 구조체인데, 내부의 구조적 혹은 공간적 필요에 다양하게 대응할 수 있는 한국 건축의 기본적인 평면구성이다. 베이직스 사옥 중심에는 두 개의 구조벽이 있는데, 이 벽 사이의 큰 공간이 건물의 주 공간이 된다. 그 밖의 공간은 부 공간이 되는데,

---

[2] 김대일, "벽으로 디자인한 공간: 베이직스 사옥", 《SPACE》, 2024년 11월 22일 검색, https://vmspace.com/project/project_view.html?base_seq=MjExNw==

41   최종 후보작 크리틱

화장실과 계단, 엘리베이터 등의 시설이 이곳에 위치한다. 3칸 3칸 개념의 사용은 좁은 대지에서 효율적인 공간 사용을 위한 건축가의 선택이다. 이와 비슷한 공간의 활용 방식은 팔라디오의 빌라 설계와 루이스 칸의 작품에서도 볼 수 있지만, 서양의 선례가 아닌 전통건축과의 연결성 속에서 찾으려 한 시도가 의미 있다.

김대일 건축가는 2009년부터 건축 실무를 시작해서 2019년에 리소건축사사무소를 창립하여 지금까지 운영 중인 젊은 건축가다. 김대일 건축가는 본격적으로 실무를 시작하기 전에 대학원에서 1950년대 서울의 한옥 건축에 관한 연구를 한 적이 있다. 이즈음의 많은 건축가가 택했던 미국의 엠아크 과정이 아니라 한국에서 건축역사를 공부했던 경험이 그에게 준 영향은 분명해 보인다. 한지 창호의 사용과 3칸 3칸 개념의 적용은 건축역사 전공자가 아니었다면 하지 않았을 시도였을 것이다. 그가 가진 전통에 대한 관심이 앞으로 어떤 방식으로 나타날지 지켜보자.

박동민
단국대학교 건축학부에서 건축역사를 공부하며 가르치고 있다.
미국 UC Berkeley 대학 건축학과에서 미국의 원조가 전후복구기 한국 근대건축에
미친 영향에 관한 연구로 박사 학위를 취득했다. 냉전의 정치적, 경제적,
문화적 맥락이 남북한의 건축과 도시에 어떤 영향을 미쳤는지에 관심이 있으며,
최근에는 북한에서 활동했던 건축가들의 행적을 찾아 정리하는 작업을 진행하고 있다.

최종 후보작 크리틱

빛의 루
김재경 (한양대학교)

도연정

구축의 전통, 빛의 루

빛의 루는 2022년 준공된 진주시 공공건축물로서, 진주 남강의 유람선 '김시민호'가 출발하는 망진나루에 위치한다. 공식적으로는 '물빛나루쉼터'라는 이름으로 불리며 유람선을 타기 전 대기실이자 휴게시설, 전망대로 애용되는 곳이다. 철근콘크리트조 포디움 위에 올려진 이 크지 않은 건축에 주목한 이유는 '목조의 시간성'을 다시 생각해보고자 했기 때문이다. 목조는 동아시아 목가구조 그 자체를 가리키기도 하지만, 건축이 본래 목조 구축의 전통에 기반하였단 사실을 상기시킨다. 빛의 루가 이미 타 분야에서 다수의 수상[1]을 하였음에도 불구하고 한국건축역사학회 작품상 후보작으로 다시 거론된 것은 바로 그런 이유이다. 동아시아 건축의 관점에서도, 동서양을 떠나 건축의 오랜 속성을 생각할 때에도 '전통'의 키워드를 떠올리게 했다는 점이 주요하게 작용하였다. 지금까지 에둘러 피하려 했던 '전통의 재해석'이라는 오래된 고민을 솔직히 들여다보자는 일종의 각성이었다고도 판단된다.

　　주지하다시피 한국 현대건축의 전개에 있어 '전통의 해석'과 결부된 작품들은 대부분 혹독한 평가를 받아왔다. 건축가가 작품에 '전통'을 결부시키는 순간 그것은 이내 '한국성' 문제와 연결되어, 옳고 그름의 엄격한 잣대가 드리워졌다. 생각해보면 전통이나 한국성이란 개념은 본래 모호한 것임에도 불구하고, 반드시 정답을 찾아내겠다는 무모한 탐구가 끊이지 않았다. 그러니 그간의 '해석'들은 그 어려운 문제에 직접적으로 도전하기보다 '선(線)'이나 '공간(空間)'이라는 더 막연한 기준 뒤에 숨어들었던 경향이 관찰된다. 마치 신기루 같았던 건축의 한국성 논의는 매우 지리멸렬한 과정을 맴돌았으며, 질문에 질문이 꼬리를 물고 이어질 뿐이다.

　　그런 점에서 건축가 김재경이 스스로 건축 활동 전면에 내세운 "기술을 통한 동아시아 목조건축의 창신(創新)"이란, 대단히 과감한 선언이자 도전이 아닐 수 없다. 건축가는 "전통은 계승이

[1] 대한민국목조건축 대상(2022), 대한민국 목조건축대전 대상(2022), 대한민국 공간문화대상 장관상(2022), 경상남도 건축상 최우수상(2023), Wood Design & Building Award (Canada, 2023)

아닌 창조의 대상"이라든지 "공포의 재해석", "과거와 현재의 하이브리드"와 같은 표현을 통해 본인의 건축관을 정의하였고, "전통의 목구조에 대한 우리 시대 공학과의 디지털 패브리케이션"으로 전통건축을 재해석하는 새로운 방법론을 제시하였다. 건축가가 주목한 원리는 아주 근본적인 것이어서, 그는 살미와 첨차를 반복해 쌓아 올리는 적층의 원칙이 동아시아 건축의 전통적 형태와 구축의 핵심임을 오랫동안 주목해왔다. 특히 공포에 내재한 "수학적 변이의 속성과 알고리즘 툴", "짧은 부재의 선적인 결합. 이론적으로는 다양한 스케일에 적용될 수 있는 가능성", "결합 각도의 변화에 따라 다양한 지붕 형태를 만들어낼 수 있을 것" 등 평소의 신념을 강조한 바 있다. 빛의 루는 크고 작은 부재들이 일련의 원칙에 따라 목적성 있는 적층을 반복한 결과이자 과정을 보여준다.

    이곳에서 건축가가 피력하는 '전통'은 응당 연결짓게 되는 '한국성'보다는 더욱 본질적 개념이다. 동아시아 건축의 작동 매커니즘에 대한 근원적인 탐구를 지향하기 때문이다. 건축가에게 '공포(栱包)'란 공학적으로는 구조이자 동시에 건축물의 성격을 결정짓는 의장이며, 동아시아에서 오랜 시간 공간을 만들어왔던 정체성을 상징한다. 서양건축에 대한 동아시아 건축의 차별성을 확장시키는 치열한 과정에 입각해 있다. 다만 한 가지 흥미로운 것이 있다. 건축가 스스로 인식하였든 하지 않았든, 빛의 루 내부에서 느껴지는 첫인상이 한국인에게 매우 익숙하다는 점이다. 단순한 비교일지 모르나, 일본의 현대 목조건축이 장스팬의 대공간 구축에 집중되는 점을 상기할 때, 빛의 루의 치밀한 공간감은 경량감이나 확장성보다 확실히 무게, 안정감, 위요감에 가깝다는 차이를 파악할 수 있다. 이를 한국성이라 정의할 수는 없지만 한국적 특징이라 부를 수는 있을 것이다. 전통적으로 크고 가벼운 지붕을 만들어온 일본과 무겁고 보수적인 지붕 만들기를 고수해온 한국의 전통건축은 그 내부적 공간감에 분명한 차이를 일으켰으리라. 그리고 자연스럽게 건축가의 공간 기억에 영향을 미쳤을지 모른다.

잘 알려진 바와 같이 건축가는 '나무 시리즈'를 통해 첫 번째로 2019년에 '세 그루 집'을 발표하였다. 2020년 《건축평단》의 인터뷰에서 "왜 목조건축인가"라는 질문에 대해 그가 "잊혀진 건축"[2]이라는 표현을 들었던 것에 주목할 필요가 있다. 건축가는 모더니즘이 탐닉했던 '철근콘크리트'라는 물성에 대한 회의와 건축적 표피가 본질을 가려버리는 현상을 두고 '콘크리트는 화장하기 쉬운 재료'라고 했던 쿠마 켄고(熊研吾)의 설명을 빌려 그 모순을 지적한다.[3]

2
"영아키텍쳐 크리틱 김재경", 《건축평단》, 2020년 봄호, 통권 21호, p.99

3
쿠마 켄고, 『자연스러운 건축』, 안그라픽스, 2010, p.17

©노경

©노경

47   최종 후보작 크리틱

4
"근대건축의 주류는 바우하우스에서 시작된 철과 철근콘크리트로 만들어진 건축의 흐름입니다. 역사는 역사가에 의해 만들어진 이야기와 같은 것인데, 아마도 근대건축이라는 이야기를 구성할 때 '나무'를 넣으면 이야기가 아름답게 성립되지 않습니다. 그 결과 '나무'라는 것은 근대적 사고의 바깥에 계속 놓이게 된 거죠."
(內藤廣, 『構造デザイン講義』, 王国社, 2008, pp.161-170)

이 같은 견해는 목조건축에 매진하는 현대 건축가의 공통된 출발점으로 보인다. 일례로 나이토 히로시(內藤廣) 또한 '나무는 근대건축 이후 오랜 기간 배제되었던 재료이며 모더니즘이 철근콘크리트에 집중하면서부터 빚어진 그릇된 현상'임을 강조하였다.[4] 목조건축의 오랜 역사가 잊혀지는 과정에서 건축재료로서의 나무는 오히려 미지의 대상으로 남게 되어버려, 자칫 그것의 건축적 본질보다 정서적 접근이 우선시되기 쉬웠다. 이러한 점에서 건축가가 어느 아티클에서 밝힌 "목조건축의 복권(復權)"이라는 표현은 매우 당연한 주장이 아닐 수 없다.

철근콘크리트나 철골에 비한다면 나무는 대단히 느린 재료이다. 빛의 루는 나무를 주된 소재로 삼아 건축의 본질과 건축가로서의 정체성을 탐구하는 혹독한 고민의 과정을 지시한다. 그런 점에서 그가 스스로 즐겨쓰는 '디지털 장인'이라는 표현에서는 절실한 진정성마저 느껴진다. 건축이 본래 목조 구축의 전통에 있었던 점을 상기할 때, 건축 역사를 공부하는 우리가 목조건축을 바라보는 관점은 어떤 형태적 완성도나 미학적 품평의 범주와는 달라야 할 것이다. 빛의 루는 한국성 그 자체를 떠나 더욱 보편적인 '전통'을 알아가는 고민의 과정을 제시하며, 역사를 공부하는 우리에게 중요한 사고의 기회가 아닐 수 없다.

앞서 그의 선언이 과감하고 도전적이라고 언급한 것은, 전통과 한국성을 내세우는 순간 무섭게 드리워질 '참과 거짓'이라는 평가 잣대를 부인할 수 없기 때문이다. 그러나 전통이 문자 그대로 '전통을 위한 전통'에 머무르지 않고 어떤 식으로든 다음 세대에 이어지기 위해서는 과감하고 실험적인 도전에 부단히 관심을 기울여야 한다. 근대 이후 동아시아 건축의 전개와 연구에 있어 모두를 힘들게 했던, 어쩔 수 없는 정체성 고민의 굴레를 벗어날 매우 적극적 방법일지도 모른다. 그런 점에서 작품상 후보작으로서 빛의 루는 오히려 솔직한 교류의 장을 만들고 전통 해석의 문제를 논의의 중심으로 끌어낼 수 있는 대단히 좋은 기회가 되었다. 단지 옳고 그름을 판단하려는 강건한 시각에서 벗어나 그 실험적 도전에 의연히 공감해 줄 때이다. 전통을 정의하기에 '적층'은 공간만큼이나 추상적이지만, 지극히 본질적이기 때문이다.

도연정
건축연구소 후암연재 대표, 한양대학교 겸임교수. 한국건축사와 주거사를 연구하는 독립연구자다. 서울대학교 건축학과에서 한국 근대 주거에 관한 논문으로 박사 학위를 취득하였다. 제11회 심원건축학술상, 2023년 한국주거학회 학술상을 수상하였으며, 『근대부엌의 탄생과 이면』(시공문화사, 2020) 외 공저로 5권의 저서가 있다. 건축사 서술에서 소외된 생활사 관점의 연구를 지향하며, 건축과 여성의 관계를 고민한다.

수상작

수상자의 글

완전한 질서에 집착하지 않는,
계속 변화하는 건축가이고 싶은

김진휴·남호진

이 글에서는 일원동 다세대주택의 법적 제약이나 구조적 콘셉트에 관해 이야기하지 않으려고 한다. 이미 여러 차례 한 이야기를 반복하는 것은 모두에게 지겨운 일이기 때문이다. 그보다 다른 곳에서는 꺼내 놓기 어려웠던 작가로서의 우리 생각을 나누어보는 것이 우리에게 할애된 이 지면의 의의에 더 부합되리라 생각한다.

복잡한 삶처럼

우리의 평면은 깔끔한 도형이나 대칭적 질서로 귀결되는 일이 거의 없다.[1] 혹여 그렇게 정리가 된다면 찜찜한 느낌이 든다. 우리 몸도 오른쪽에는 간이 있고 왼쪽에는 위가 있는데, 집처럼 복잡한 대상이 그렇게 단순하게 정리될 리 없지 않은가. 혹시 그렇다면 대칭을 맞추거나 길이를 통일하기 위해 누군가의 필요를 은근슬쩍 외면한 것은 아닌지 의심해봐야 한다. 대개의 경우 우리가 설계하는 동안 강력한 질서는 의심할 새도 없이 깨져버린다.

　몇몇 예리한 관찰자들은 일원동 다세대주택 4층과 5층의 외장재 색이 다른 이유가 무엇인지 질문한다. 이 프로젝트는 대체로 고층부(주인 세대)와 저층부(임대 세대)라는 두 가지 구분으로 설명되는데, 도대체 왜 고층부 안에 여러 색을 사용하여 대비를 약화했는가에 대한 물음일 것이다.[2] 건축물이 명확하게 이해된다는 사실이 미덕일 수 있다는 점은 우리도 안다. 다만, 우리는 다이어그램의 선명성이 건축이 내포해야 하는 복잡함이나 미묘함을 앞지른다고 생각하지 않는다.

　우리가 이 건물을 설계할 때는 건물 전체가 고층부와 저층부라는 두 대상으로 구분되는 상태에서 출발했다. 표현을 단순화할수록 저층부에 비해 고층부의 폭이 아주 좁다는 사실만이 적나라하게 드러나 보였고, 차츰 여러 질문을 스스로에게 던지기 시작했다.

---

[1] 2019년 완공한 단독주택 데칼코마니는 대칭을 표방한 집이었다. 굳이 설명하지는 않지만 그 집의 내부에도 대칭의 질서에 어긋나는 요소들이 많이 담겨 있다.

[2] 심지어 노출콘크리트로 된 저층부도 1층에는 검정색 스테인을 입혀 2, 3층과 다르게 처리했다.

"고층부(4, 5층)는 저층부(1, 2, 3층)의 대립항인가?
아니오. 각 부분은 균질한가? 아니오. 고층부가 작아보이면
좋겠는가? 글쎄요. 이 비례가 마음에 드는가? 그다지.
조금 숨겨보는 것은? 그것도 괜찮을 것 같습니다.
4층과 5층의 성격은 꽤 다른가? 그렇다고 할 수 있습니다.
1층과 2층도 성격이 다른가? 사실 임대한다는 점을
빼고는 같은 게 없습니다. 고층부가 띠를 두른 박공집처럼
보여도 상관없는가? 네. 상관없습니다."

새로움에 대하여

우리가 건축 교육을 받던 시절 학교에는 새로운 것을 만드는
것이야말로 최상의 목표에 해당하는 것처럼 여겨지는 분위기가
있었다. 그 관성 탓인지 우리는 늘 새로움에 목말라 있다.
허나, 원한다고 늘 가질 수 있는 것은 아니다. 몇 달 뒤 지어져야 할
건물을 설계하면서 우리가 세상에 없던 새로움을 만들 수 있으리라
확신하지 않는다. 새로움에 대한 갈망과 기간 내에 설계를
완료해야 하는 것에 대한 압박이 공존할 수 있는 현실적인 방도는
우선 뻔한 선택만이라도 회피하는 것이다. 당연하고 자연스러운
선택은 의심받아야 한다. "음, 그래, 이 부분은 논리적으로
노출콘크리트가 맞겠지. 다른 재료가 덧붙여지지 않았다는
의미로." 따위의 말은 실로 위험한 것이다.
　조금이라도 더 새로움에 가까이 다가가기 위해 우리가 취하는
또 한 가지 방법은 자기 복제를 피하는 것이다. 신사동 다세대주택
(2019년 완공), 일원동 다세대주택(2021년 완공), 논현동
다가구주택(2021년 완공), 이의동 다가구주택(2022년 완공)은
모두 비슷한 시기에 설계된 다가구·다세대 연작이라고 할 수
있는데, 이들 프로젝트에서 내부 공간의 구성과 외피의 관계는
모두 제각각이다. 가령 일원동 다세대주택과 이의동 다가구주택은
공통적으로 1층에 근생, 2-3층에 임대 주택, 최상층에 주인
세대가 위치한다. 그런데 일원동에서는 외장 마감재를 층에 따라
세분화했다면 이의동의 외피는 벽돌 한 재료로 통일했다.
사소하지만 네 프로젝트에서 계단과 손스침의 마감들은 각기
다르게 처리했다. 이러한 다양성은 대지나 발주처가 야기한 차이
때문이라기보다 서로 다른 것을 만들고자 한 우리의 의도
때문이었다고 확실히 말할 수 있다.
　우리가 자기복제를 피한다고 해서 실로 새로운 것이
생겨나는 것은 아니다. 우리는 해보지 않았던 것이지만 남들은
이미 한 것일 수 있기 때문이다. 그러나 언젠가 우리가 건축계의

신사동 다세대주택 ©김경태

논현동 다가구주택 ©김남건축

최전선(最前線)에 서게 된다면, 그때는 우리의 탐구 하나하나가
진정한 새로움을 탄생시킬 수 있을 것이다. 지금 우리가 취하는
변주와 자기복제에 대한 검열은 그때를 위한 습관 쌓기다.

예상치 못한 질문

얼마 전 대구 범어도서관에서 강연을 하게 되어 '건축과 시간'이라는
주제로 여러 프로젝트를 설명하게 되었다. 시대에 따라 대지를
보는 시각이 변하고 있음을 이야기하기 위해 일원동 다세대주택
필지에 적용된 일조사선에 대해 다음과 같은 설명을 하였다.

> "일원동 다세대주택이 위치한 동네는 1980년대 조성된
> 개포택지로 이웃한 필지들도 동일한 방위와 크기로 잘려져
> 있습니다. 그런데 이 필지들 모두 남북 방향으로의 폭이
> 12m 정도로 좁아요. 대지를 조금 더 큼직하게 분할하면 좋았을
> 텐데, 정북일조사선을 적용하면 4층 이상의 층에서는 사용할 수
> 있는 공간이 아주 적습니다. 지금은 일원동 땅에 3층 이하의
> 건물을 신축하는 것을 상상하기 어렵지만, 아마도 개포택지
> 도시계획을 수립하던 당시에는 이 지역에 4층 이상의 건물이
> 들어설 가능성이 없다고 보지 않았을 것이라고 추측합니다."

강연 말미에 한 참석자로부터 질문을 받게 되었다.

> "서울은 어떤지 모르겠으나 대구는 인구가 감소하고 있습니다.
> 지금 저는 다가구주택에 살고 있지만, 대구에는 다가구주택의
> 수요가 점차 없어져 20년쯤 뒤에는 이 집이 단독주택으로
> 바뀌어 있을지도 모르겠습니다. 인구 감소의 시기에 필요한
> 건축의 유형은 무엇이라고 생각하십니까?"

쉽게 답할 수 있는 질문은 아니었다.[3] 지금껏 우리는 인구 증가와
그로 인한 증축 가능성에 대해 이야기하긴 했어도 인구 감소와
철거 가능성을 떠올리며 설계를 해오진 않았다. 옆에 높은 건물이
들어서면 가려질 입면에 대해 걱정할 것이 아니라 이웃 건물이
사라지면 정면처럼 드러날 측면 입면에 대해 고민해야 할지도
모른다. 앞으로는 건물이 오랫동안 적은 에너지를 사용할 수 있도록
하는 방법에 대한 고민보다, 건물이 적은 폐기물을 발생시키며
철거될 수 있는 방법에 대한 고민이 중요해질지도 모른다.
이제 '지속 가능성'과 헤어질 결심을 하고 '지속되지 않을 가능성'에
눈을 떠야 할지도 모른다.

3
한국의 인구가 줄어들어도
서울에 인구가 집중되는 것은
더 심해질 수 있고, 낮아지지 않는
부동산 가격으로 인해 서울의
공동주택은 내부가 더 잘게 쪼개져
아주 열악한 세대들로 채워질 것
같다는 다소 암울하고 현실적인
전망에 대해 이야기했다.

이의동 다가구주택 ⓒ텍스쳐 온 텍스쳐

이의동 다가구주택 ⓒ텍스쳐 온 텍스쳐

그때와 지금

이 글을 쓰는 2024년 겨울은 일원동 다세대주택이 완공된 지 3년여가 지난 시점이다. 일원동 다세대주택은 우리의 5번째 준공작이었고, 지금 우리는 15번째 건물의 준공을 앞두고 있다. 한동안 우리의 주무대였던 뒷골목은 그 사이 상황이 많이 달라졌다. 개인 건축주에 의한 소규모 다가구·다세대 개발 붐은 한풀 꺾였다. 주거용 건축물에 대한 대출 규제 때문에 울며 겨자 먹기 식으로 다가구·다세대 대신 근린생활시설을 짓는 경우가 늘어났다. 아마도 이 근생들 중 많은 수는 공실 기간을 견디다 수년 내에 주거용 건축물로 리모델링될 것이라고 예상하고 있다. 근생으로 지어졌다가 주거로 바뀐 건물들은 어떤 유형적 특성을 간직하게 될까. 우리 같은, 혹은 우리보다 어린 세대의 건축가들에게 이런 프로젝트가 돌아갔을 때, 어떤 작업이 탄생할지 궁금하다.

건축은 영속적인 것이라고 배웠다. 그런데 우리를 포함한 지금의 건축가들은 모두 그런 관점만으로 작업해 나가기는 어려워 보인다. 우리가 완전한 질서에 집착하지 않는다는 사실이, 계속 변화하는 건축가이고 싶어한다는 사실이, 영원한 것은 없다고 믿는 사람이라는 사실이 우리가 건축가라는 직업을 이어갈 수 있는 중요한 밑거름이라고 볼 수도 있을 것이다. 이집트 피라미드처럼 5000년 동안 존재할 건물을 만들 수는 없으리라는 사실은 여전히 아쉽지만, 뭐 어쩌겠나? 21세기에 살고 있는 것을.

남호진(왼쪽)과 김진휴

건축사사무소 김남은 2014년 스위스의 산골 마을에서 시작된 건축설계사무소이다. 2015년부터 서울에서 활동하며 작업을 이어가고 있다. 건축에 존재하는 다양한 가치와 관점의 존재를 중시하며, "어제 옳은 것이 오늘 틀릴 수 있다"는 시각으로 의심하고 다시 그린다.

김진휴는 서울대학교 건축학과를 졸업하고 미국 예일대학교에서 석사 학위를 받았다. 스위스의 헤르조그 앤 드 뫼롱, 일본의 SANAA, 미국의 SO-IL에서 건축 실무를 익혔다. 서울대학교, 한양대학교에 출강하였다.

남호진은 이화여자대학교 건축학과를 졸업하고 미국 예일대학교에서 석사 학위를 받았다. 미국의 펠리 클라크 펠리 아키텍츠, 한국의 남산 에이엔씨 종합건축사사무소, 스위스의 헤르조그 앤 드 뫼롱에서 실무 경력을 쌓았다. 한양대학교, 시립대학교에 가르친 바 있고, 현재 이화여자대학교 겸임교수로 재직 중이다.

수상작 크리틱 1

용기

한승재

안녕하세요. 중요한 일에 저를 떠올려 주셔서 감사합니다.
사실 크리틱을 부탁한다는 반가운 연락을 받고도 조금 망설였어요.
그 이유는 최근 여기저기서 말을 너무 많이 했기 때문이에요.
읽고 생각하고 만드는 시간보다 이미 완성했던 결과물을
반복적으로 끄집어내어 이야기하는 시간이 더 긴 요즘이었어요.
요 근래 프로젝트 문의보다 강의나 크리틱 요청이 더 많았거든요.
요즘같이 어려운 시기엔 뭐라도 해야지… 생각하며 누군가
저에게 하는 제안은 거의 수락했거든요. 처음엔 행사비를 물어보는
게 꽤 난감했는데 요즘은 가격부터 물어봐요. 강의나 크리틱
요청이 오면 "얼마 주세요?"라고 물어보고, 간혹 우리 회사는 대표
세 명을 모두 초대하는 경우도 있기 때문에 이 비용이 두당 가격
인지 건당 가격인지 꼭 확인해요. 조금 친분이 있는 사람이 물어
오는 경우엔 "얼마까지 알아보고 오셨어요?" 라고 농담을 하기도
해요. 아무튼 강의, 크리틱, 그리고 일반인을 대상으로 하는
토크까지도 여러 가지 하고 지냈는데, 하면 할수록 부채가 쌓이는
기분이 들더라고요. 번 돈보다 더 많은 돈을 쓰고 있는 것 같은
공허한 기분이었어요. 그래서 잠시 고민했지만 곧 글을 써보겠다고
말씀드렸어요. 사실 누구를 위해 글을 쓰더라도 글쓰기는
나를 위해 하는 일이라고 생각하거든요. 글을 쓰면서 무언가를
채워봐야겠다고 생각했어요. 근데 원고료를 물어보는 걸
까먹었네요. 역시 첨에 안 물어보면 뒤늦게 물어보기 애매함.

먼저 유튜브를 켜고 두 분이 발표하는 영상을 찾아보았습니다.
건축역사학회의 발표 영상과 젊은 건축가상 발표 영상에서
많은 사람들이 남호진, 김진휴 두 분을 애정하는 느낌을 받았어요.
사람들은 오직 두 분이 설계한 건물에만 초점을 맞추는 것 같지는
않았습니다. 물론 두 분의 건축은 무척 빼어나고 눈여겨볼
만하지만 그것이 전부는 아니었다고 생각했어요. 제가 느끼기로는
두 분의 태도가 많은 이들에게 공감을 사는 것 같았습니다.
저는 진휴 씨가 신중하게 단어를 고르는 모습과 호진 씨가 어깨를

올린 채로 긴장한 표정이 기억에 남았어요. 끊임없이 무언가를
의심하며 말하는 것처럼 느껴졌고, 건축적 개념과 실제 사이의
간격이 벌어지지 않도록 계속해서 주의하는 것을 느낄 수
있었어요. 스스로에게 도취되어 자신들의 성과에 대해서 장황하게
펼쳐 놓거나, 괜찮은 단어에 자신을 끼워 맞추려고 했다면,
물론 때론 스스로에게 도취된 사람에게 더 끌리긴 하지만,
저는 두 분을 문화적 아이콘 혹은 캐릭터쯤으로 여겼을 것 같아요.
두 분은 내내 의심하듯 말했기 때문에 저는 무언가를 만들어가는
사람으로서 동질감을 느꼈던 것 같습니다. 심사위원분들도
두 분이 건축가 혹은 요즘 세대의 건축가를 대표한다고 생각했던
것 같아요. 응원할 대상을 찾고 있던 사람들은 그 누구를
통해서라도 스스로를 대입해 볼 준비가 되어 있었고 김진휴와
남호진을 통해 우리를 바라볼 기회를 즐거워했던 것 같아요.

두 분은 짧지 않은 시간 동안 유럽에서 생활했다고 들었어요.
저는 단 한 번도 그곳에 살아보지 않았으면서 오랫동안
그곳을 그리워했어요. 티브이나 영화에 나오는 유럽을 보며 사람이
사는 곳이라면 마땅히 저래야 하는 거 아닌가 생각했어요.
적당히 걸으면 공원이 나타나야 하고, 건물과 길이 만나는 곳엔
당연히 나무 한 그루 서 있을 만한 빈 공간이 있어야 한다고
생각했거든요. 서울에서만 살았던 저는 많은 것이 부서지고
다시 지어지는 걸 지켜봐 왔고, 서울에서는 마땅히 이래야 한다는
식의 보편적인 의견은 찾아볼 수 없었어요. 그에 비해 유럽의
도시에선 마땅히 이래야 한다는 생각, 보편 의식이 잘 작동하는
것처럼 보였어요. 도시를 만드는 일이 무딘 칼로 오랜 시간에 걸쳐
조각하는 것처럼 조심스럽다고 생각했어요.

한국의 도시는 정말이지 너무나 거침이 없어요. 날카로운
칼로 급하게 만든 모형 같아요. 튀어나온 못과 못을 박다가 쪼개진
나뭇결과 덧칠한 페인트. 그러나 그 와중에 어쩌다 발견되는
이상한 형체들… 그래서 이곳에서 건축을 하는 것은 조각보다는
발견에 가까울 때가 많아요. 빛을 조각하고 도시를 조각하고
삶을 조각하는 건축가의 업무에서 조금 벗어나 무언가를 발견하는
것에 더 치중하는 것이 이곳 건축가의 특성은 아닐까 생각해봐요.
가끔 제가 하는 일은 애매한 사이즈의 막대기를 주워 들고
다니며 이곳저곳에 끼워 맞춰보는 일이에요. 이해하기 어려운
빈틈을 발견하고 그곳에 나머지 조각을 끼워 맞춰보는 것이에요.

이건 어쩌면 주어진 환경에 길들여지는 과정인지도 모르겠네요.
이곳이 내가 그리워한 그곳이 될 수 없음을 인정하는 과정이

있었지만, 그것이 결코 서글프고 안타까운 일은 아니었음을
아실 거예요. 돈과 법규와 대지의 조건 등 겹쳐진 여러 단서를
종합해 사건의 실마리를 찾는 도파민 터지는 게임의 맛을 두 분도
이미 잘 알고 있죠. 좁은 땅에 주차장을 모두 끼워 넣었을 때
"이야! 오늘 할 일은 다했다!" 싶은 그 뿌듯함을. 학습된 건지
아니면 스스로 개발한 건지 모를 정도로 자연스럽게 우리는 우리가
사는 곳의 작동 방식을 체득하게 되는 것 같아요. 이곳에서
건축하는 사람들은 모두가 이상한 막대기를 하나씩 들고 다니며
이곳저곳에 자신을 끼워 맞추고 있어요. 김남건축이 시골에
집을 지으며 벌거벗은 파이프를 돌출시켜 캐노피를 만든 것이나,
필로티 주차장을 시원하게 열어두기 위해 굳이 건물 전체를
정글짐 구조로 계획하는 것도 그런 것이었다고 생각해요.
도시와 문화에서 발견되는 엉성한 틈에 무언가를 끼워 넣는 과정이
있었다고 생각해요. 역설적이게도 이전에는 보이지 않던 틈이
끼워 맞춰진 조각을 통해 두드러지게 되고, 그렇게 우리는
스스로에 대해 조금씩 알아가게 되는 거라고 생각해요.

아름다움이란 무엇일까요? 진휴 씨와 호진 씨는 꽤 진지하게
그것에 대해 고민을 해왔던 것 같아요. 저도 생각을 안해본 건
아니지만… 오직 확실한 건, 제가 아름다움을 이용하고 있다는 것
뿐이에요. 무언가를 하는 데 아름다움은 좋은 동기가 되어주고
무엇보다도 아름다움을 찾기 위해 무언가를 만든다면 남들에게 좀
중요한 일을 하는 사람처럼 보일 수 있거든요. 아름다움이 뭔지는
잘 몰라도, 내가 중요한 일을 하는 사람처럼 보이는 건 저에겐 정말
중요해요.

정말로 아름다움은 도구라고 생각해요. 아름다움은 스스로를
발견하는 데 사용하는 거울과 같은 도구예요. 현대에 들어
아름다움은 저 멀고 깊은 곳이 아닌 가까운 곳에 있는 것이라고
여기게 되었죠. 어느 곳에나 있고, 누구나 찾을 수 있지만
결코 발견하기 쉽지 않은 유령 같은 것이라고 여기게 되었어요.
하지만 저에게 현대의 아름다움이란, 이곳에도 저곳에도
어디에도 없는 것이며, 오직 그것을 발견하는 일만이 있을 뿐이죠.
아름다움을 찾는 작업을 통해 우리는 스스로를 벗겨내고
또 벗겨내는 것이며, 그것은 결국 스스로를 드러나게 하기 위함인
거예요. 아름다움을 통해 우리의 소중함을 발견할 수만 있다면…
전 그것이 아름다움에 도달하는 것보다 더 중요한 일이라고
생각해요.

저에게 아름다움은 없는 것, 알 수 없는 것이니 끊임없이

유보되어야 하는 것이지요. 그러나 언제까지 잘 모른다고 하고
싶지는 않아서, 그래서 때로 대담해지고 뻔뻔해지려고 해요.
아름다움을 비롯해 알 수 없는 여러 단어들을 유보하다가 결국은
유보하는 것 자체가 정답이 되어버리는 건 싫거든요. 다행히 저는
만드는 사람이니까 글이 아닌 다른 방식으로 이야기할 수 있겠죠.
유보해두는 것과 다르게, 만드는 것은 필연적으로 도전적이어야
하는 일이라고 생각해요. 용기를 내어 뻔뻔해져야만 하죠.

최근 강의랑 토크만 한 건 아니고 공모전도 몇 차례 진행했어요.
기대했던 것과 달리 자꾸만 떨어져서 우리 회사 사람들 사이에서
저에 대한 의구심이 스멀스멀 피어나고 있는 것 같아요.
기어코 엊그제는 윤한진 소장(설계 사냥꾼(10승1패))에게 끌려가
공모전에 임하는 정신자세를 주제로 한 시간 반짜리 잔소리를
수강해야 했어요. 그의 비기를 전달해 드리자면, 우리
선생님께서는 공모전은 "감히 나를 깨는 과정"이라고 했습니다.

저는 이전 공모전에서 '장소'라는 주제에 탐닉했고,
"장소되기"라는 추상적인 문구를 선택해 판넬의 제목으로
사용했습니다. "야! 이 제목을 보니 니네가 왜 자꾸 떨어지는지
알겠다! 니네는 겁이 없어! 나처럼 겁이 많은 사람은 이런 제목을
쓰기 망설인다고!" 제가 제출한 판넬의 제목을 보고 질책하며
한 이야기였어요. 선생님은 적어도 공모전을 할 때 만큼은
겁이 많은 사람이 된다고 했어요. 사람들에게 이해 받지 못할까
전전긍긍해한다고. "그에 비해 너는 이해 받지 못할까 조금도
두려워하지를 않는구나!"

건축이 결코 가볍지 않은 것들을 얼마나 가볍게 다루는지 우리는
잘 알고 있습니다. 특히 아주 짧은 시간 심사를 하는 공모전에서는
말이에요. 가벼움을 잘 극복해야지 제대로 된 계획을 할 수
있을텐데…. 이 세계의 복잡한 문제를 간단하게 해결할 수 있다고
말하고 싶지 않아요. 저는 그게 요즘 가장 큰 고민이랍니다.
건축을 설명해야 할 때 반드시 등장하는 단어들이 너무나 가볍다는
걸 알기에 자꾸만 피하게 돼요. 그래서 최대한 피상적인 단어를
사용하지 않으려고 노력하는 편인데, 지난 겨울에 아예 그런
단어를 사용하지 않고 작업 설명하기를 도전했다가 설명하는
도중에 울먹이는 불상사가 생기기도 했습니다. 그 순간
기억상실증이 왔는지, 그때 어떤 이야기를 하고 있었는지 기억도
안나요. 기억나는 건 '쟤 갑자기 왜 저래?' 하는 청중들의
표정뿐…. 눈 아래 고인 흐릿한 증기 너머로 그 표정들을
보았습니다. 지난 겨울부터 올 겨울이 올 때까지 그 일로 적어도

백 차례는 이불을 찼을 거예요. 건축이 때로는 나에겐 잘 와닿지 않고 그것은 제가 삼킬 수 없는 아주 커다란 덩어리라는 생각이 들 때가 많아요. 예를 들어 '기억'이라든지 '장소' 같은 용어들은 저에게 평생을 공부해야 겨우 꺼낼 수 있을까 말까 한 단어들인데, 저는 아직 평생을 살아보지도 못했고 심지어 공부하지도 않고 있으니 그런 중요한 이야기를 흘리듯 가볍게 할 엄두가 나질 않는 거죠. 김진휴와 남호진에게는 그런 단어가 '아름다움'인 것 같아요. 그럼에도 반드시 그것에 대해 말해야 할 거예요. 허수를 넣어야 돌아가는 계산식처럼, 뜬구름 같은 이런 단어들이 계획을 완성하고 도시를 만들어가는 중요한 동력이 된다는 것을 인정할 수 밖에 없죠.

하지만 당장 사람들 앞에서 말할 때는 태연해지지가 않아요. 사실 한진이는 적당히 받아치고 말았을 말장난을 던진 것이겠지만 가볍게 넘기고 싶지는 않았어요. "겁이 많은 사람이 되기 위해 나를 깨야 한다"는, 도대체 앞뒤가 맞지 않는 이 문장이 (엉망인 도시의 틈에서 끼워 넣는 나무조각처럼) 저에겐 생각해 봄직한 것이었죠.

그동안 저는 가벼워 보이기 싫어서, 멍청해 보이기 싫어서 되도록 작은 그릇에 저를 담아 보여주기만 했던 것 같아요. 건축을 도시에서 바라보기보다는 길에서 바라보고, 도시의 찬란한 미래를 상상하기보다는 현실의 아이러니를 바라볼 때가 많았어요. 현재를 소중하게 생각하는 진중한 자세라고 꾸며댈 수 있겠지만 사실 저는 그동안 제가 믿는 것에 대해서만 말했던 거 같아요. 나의 상상을 믿지 않았기 때문에 그랬던 것 같아요. 그러니 겁이 많은 건 누구였을까요?

두 분이 크리틱을 요청했을 때 저는 처음부터 크리틱이라고 생각하지는 않았어요. 이 사람들을 통해 나에게 할 말을 찾아야겠다고 생각했어요. 인터넷 회선을 통해 번갈아 들려오는 두 사람의 짧은 말마디 끝에 막연하게 떠오른 단어는 '용기'라는 두 글자였어요. 두 분의 조심스러운 언어 때문인지, 그냥 내가 하고 싶었던 말이 이것이었는지. 아니면 두 분이 상을 타기 위해 스스로 분투한 기록들 때문이었는지도 모르겠네요. 상을 타기 위해 사람들 앞에 선다는 결심은, 나에게는 용기가 필요하다는 외침이 아니고 무엇이겠어요!

누군가에게 힘내라고 말하는 것. 위로하는 것. 용기를 가지라고 말하는 것. 이런 것들이 진지한 생각들을 한낱 부질없는 걱정으로

치부해 버리고, 멀쩡한 사람을 나약한 사람으로 만들어버리는 것
같아서 전 그런 소리를 정말 싫어해요. 힘내세요! 용기를 내세요!
이렇게 사람 사이의 거리를 멀게 만드는 말이 어디에 있나요.
그래서 누구에게도 힘내라는 말 한마디 한 적 없음. 용기는 말하는
게 아니고 나란히 서서 함께 내는 것이에요. 아! 그러나 오해하지는
말아요. 용기는 내가 내겠다는 거예요. 두 분에게 용기가
필요한지는 모르겠음. 이 글을 쓰면서 용기를 채워가도록 할게요.
이를테면 그런 거죠. '계산은 내가 할게.' 마음껏 먹어. 용기는
내가 낼게. 아름다운 거 마음껏 해.

한승재
푸하하하프렌즈 공동대표. 전 직장 디자인캠프문박디엠피에서 한양규와
윤한진을 만나 '푸하하하 프렌즈(FHHH)'라는 건축사사무소를 개소했다.
2013년부터 현재에 이르기까지 도시에 대한 넓은 이해를 바탕으로
독창적인 작업을 보여주고 있다. 2019년 젊은 건축가상을 수상하였다.

수상작 크리틱 2

일원동 다세대주택,
개발주의 시대의 유전자와 카다브르 엑스키

남성택

소필지 다세대주택은 도심 양옥지역이나 외곽 택지개발 주거지역에서 용적률과 층수 제한, 일조권 사선제한 등에 크게 의존하는 소규모 주거 건축으로서, 대단지 아파트와 더불어 현대 한국 주거의 대표적 유형으로 자리 잡고 있다. 대단지 아파트 건설 시장과는 달리 다세대주택은 소위 집장사들이 주도해왔다. 자본주의적 재테크 수단이자 소모품으로 건축의 위상을 하락시키고 건축적으로 저급한 수준의 건물들을 양산하는 퇴행적 프로그램으로 여겨지기도 했다. 그러면서 어느덧 우리 일상 풍경을 형성하는 보편적 건축 사례가 되고 있다. 현대판 한국의 '건축가 없는 건축'에 해당하는 사례일지도 모른다는 생각을 배제하기도 쉽지 않다. 이러한 프로그램이 오히려 우리의 솔직한 민낯을 드러내는 건축일는지도 모른다.

    최근 들어 다세대주택이 젊은 건축가들의 생존을 위한 '세속적' 일거리가 되고 있는 가운데 흥미로운 작품들도 조금씩 등장하고 있다. 김남건축(김진휴, 남호진)의 일원동 다세대주택은 그중에서도 돋보이는 사례이다. 김남건축의 다세대주택은 첫눈에 매우 생경한 이질적 복합체이다. 건축은 각 부분이 저마다의 개별적 사연을 갖고 있는 옴니버스일까. 1980년대 개발주의 시대부터 도심 일반 주거지역 소필지에 획일적으로 부여된 법규들이 여전히 존속되어 작용한다. 성문법적 규제를 피하며 발전된 탈출구적 해법들은 점차 관습화되어 육화되고 이것이 평범한 형태들로 익숙해진다. 김남건축은 그 형태 이면에 각인되고 시간을 관통해 유전되어 온 다세대주택의 특징들을 '일종의 유전자'로 묘사한다. 그들은 이러한 내재적 유전자를 발굴하고 건축화하는 작업을 시도한다. 이러한 태도는 과거 김남건축이 스위스 알프스의 샬레(chalet), 즉 산장을 리모델링하는 설계를 수주하며 설립되었다는 특이한 이력과 무관하지 않다.

샬레의 교훈

김진휴와 남호진은 예일대 건축 유학 직후에 대서양을 건너 스위스 독어권 도시 바젤로 옮겨 건축 실무 경험을 하던 도중인 2012년, 스위스 불어권 알프스 지역인 오트-넨다(Haute-Nendaz)의 산골 마을 프라콩뒤(Pracondu)를 향해 떠나기로 결정한다. 바젤에서 알게 된 어느 한 목수가 자신이 소유한 낡은 샬레를 거주용 집으로 개조하는 설계를 의뢰한 것이다. 건축가들은 아예 부지 옆으로 옮겨와 살면서 그들의 첫 번째 작품을 잘 구현해내리라 마음먹는다.

알프스에서의 고립된 작업은 그들로 하여금 현학적 건축(architecutre savante)의 세계를 벗어나 토속적 건축(architecture vernaculaire)의 세계로 진입하도록 했다. 샬레는 알프스의 대표적 민속건축으로, 산골 사람들이 직접 짓던 민중의 건축이다. 낭만적이고 목가적인 이미지와 달리, 샬레는 산악의 기후와 지형을 견뎌내기 위한 생존의 건축이다. 최소 수단과 최대 효과의 경제성을 중시하는 만큼 최소 외피 속 최대 공간을 허락하는 조밀한 입방체의 건축이다.

샬레는 기능적이다. 다만 다양한 기능을 포용할 수 있어야 한다. 샬레는 주거나 피난처로, 가축용 외양간이나 건초 보관 창고로, 가구나 치즈를 제작하는 작업장으로도 다양하게 쓰일 수 있다. 하나의 샬레 속에 여러 기능이 공존하는 경우도 많다. 샬레의 기능적 중립성과 유연성은 현대 도시 건축의 경우와 크게 다르지 않다.

샬레와 같은 민중건축의 형태는 본질적으로 기능이나 구축 논리에 기원을 두곤 한다. 샬레의 주요 몸체 부분은 쉽게 구할 수 있는 대형 목재로 구축된 목구조이다. 반면 하부는 겨울철에 상시적으로 눈에 파묻히므로 석재 구축의 토대를 갖는다. 하부와 상부가 서로 다르게 적용된 복합 구조체인 것이다. 또한 상징적 요소인 샬레의 최상단부는 거대한 맞배지붕과 길게 뻗은 처마로 마무리되는데, 이 역시 산악 기후에 대응한 결과이다.

샬레의 전체는 단일하다는 이미지와 달리, 각 부분마다 구체적으로 요구되는 사항에 대응하는 독점적 해법들이 수렴된 이질적 결과였다. 하나의 지배적 원칙 없이 개별 전략들이 수직적으로 결합된 초효율성의 건축인 것이다. 그럼에도 샬레가 하나의 유형(type)으로 표준화될 수 있었던 것은, 알프스 산맥 곳곳에 고립된 산골 사람들이 서로 비슷한 요구 사항들을 해결하기 위한 수단들을 강구하며 검증, 확립시켜온 민중건축이기 때문은 아닐까.

19세기 후반 비올레-르-뒤크(Viollet-le-Duc)는 알프스 몽블랑 산을 관찰해 분석[1]하며 다음과 같은 결론에 도달했다. 본래 알프스는 완벽한 수정체(crystal) 구축물로서 현재의 복잡한 윤곽은 오랜 풍화로 인해 무너져내린 폐허 건축물 상태에 가까워졌기 때문이라는

[1]
Eugène Viollet-le-Duc, *Le Massif du Mont Blanc : étude sur sa constitution géodésique et géologique sur ses transformations et sur l'état ancien et moderne de ses glaciers*, 1876.

것이다. 불규칙한 자연 형태 속에 숨겨진 질서를 추론해낸 그는 수정체 구조에 대한 특징을 별도로 설명하기도 했다. 특정한 화학적, 물리적 조건 속에서 저절로 생성되는 자연의 법칙을 수정체 구조가 지니고 있으며, 동일한 조건 아래 동일한 기하학적 구조체가 자라나게 된다는 것이다.

다양한 산악 지역의 샬레들이 하나의 건축 유형으로 귀결될 수 있다는 사실을 반증해 볼 때, 샬레들은 수정체처럼 특정 조건에 반응하는 내재적 법칙을 소유하고 있는 것일 수도 있다. 반대로 동일한 내재적 법칙을 지니고 있는 샬레가 외재적 조건의 미묘한 차이에 따라 변형될 수 있다고도 말할 수 있다. 환경 조건의 차이로 수정체나 눈꽃의 결정이 미세하게 달라진다는 사실을 떠올려 보자. 주변 자연과도 위화감 없는 샬레들은 원래 알프스 자연의 일부로 태어난 '알프스 건축(Alpine Architecture)'의 증거일 수 있다. 또한 아돌프 로스(Adolf Loos)는 원초적 본능에 따라 지어진 시골 촌락들이 위대한 고대 건축처럼 자연과 합일되는 보편적 아름다움에 도달한다고 예찬했으며, 르 코르뷔지에(Le Corbusier)는 샬레를 기념비적 원시 건축과 나란히 견줄 수 있는 기하학적 질서의 건축으로 선언하기도 했다.

프라콩뒤의 샬레를 다루어야 했던 김남건축에게 이를 직접 실측하고 분석하는 작업이 건축 설계의 출발점이었다. 이 작업은 고대 폐허를 연구했던 옛 서양 건축가들의 공부 방식과 크게 다르지 않다. 눈앞의 샬레가 낡고 평범한 익명의 건축인 것은 분명하나, 이국의 젊은 건축가들은 바닷가에 뛰어노는 어린아이처럼 '발견된 오브제(found object)'로서 샬레를 탐구했다. 그들의 표현을 따르면, 일종의 "조용한 대화"였는데, 동굴이나 광야처럼 영도(zero degree)의 상태에서 자신의 길을 되찾는 각성의 순간이었을 것이다.

과거의 그들이 예일대에서 아이젠만(Peter Eisenman)의 교육을 통해 건축 형태의 체계를 읽어내고 다이어그램으로 시각화하는 형태주의적 건축 연구를 경험했다면, 반대로 바젤에서는 헤르조그 & 드 뫼롱(Herzog & de Meuron)에서의 건축 실무를 통해 구축과 재료의 경험을 중시하는 인지현상의 건축을 경험했다. 뉴헤이븐과 바젤의 대척점 사이에서 김남건축은, 미켈란젤로의 〈천지창조〉 속 손가락처럼 서로 다른 현학적 건축 세계 사이의 비현실적 접점을 중재해야 하는 위태로운 상황처럼 보였다. 막다른 여정 속에서 샬레와의 마주침은 동아줄처럼 그들을 새로운 길로 구원해줄 전환점이 되었을 것이다. '건축가 없는 건축'을 구축한 익명의 민중들처럼 당면 문제에 집중하고 효과적 해법들을 찾고자 노력하게 된다. 그들은 파편적 현실에 의존해 새로운 것을 창조해내는 '브리콜뢰르(bricoleur)'로 변화해 나가게 된 것이다.

다세대주택의 유전자

프라콩뒤 샬레 주택은 2014년에 착공되었다. 하지만 알프스 구축의 어려움 때문에 더디게 진행되었고 십여 년이 지난 지금도 완공되지 못했다. 도중에 귀국해야 했던 김남건축에게 프라콩뒤의 샬레는 불안한 첫사랑으로 남는다. 한편 영원한 미완성으로 남더라도 순수한 개념으로 승화되어 지속적인 영감의 원천이 될 수도 있겠다. 그러한 가운데 김남건축이 다세대주택 설계들을 의뢰받게 된다.

다세대주택이 우리 시대의 대표적 도시 주거 중 하나로 자리 잡은 이상, '지금 여기'의 건축에 해당할 수도 있는 프로그램임을 감안할 필요가 있다. 더 나아가 고유한 우리의 문제의식이 싹틀 수 있는 잠재적 현상으로서 주목할 수도 있다. 너무 제약적인 조건들로 인해 경직될 수도 있으나 우리 땅의 현실적 특수성으로 인해 비롯된 조건들이라면 진지하게 임해야 할 건축의 대상임은 명확하다. 한국 영화의 교훈에서 볼 수 있듯이, 적나라한 현실에 대한 각성과 드러냄은 건축에서도 요구된다. 농부가 밭을 탓하랴. '건축가 없는 건축'은 어떠한 잘못도 없다. 부끄러움은 오롯이 '건축 없는 건축가'의 몫일 뿐이다.

김남건축은 2019년 완공한 쿼드(Quad)를 기점으로 여러 다세대주택 시리즈들을 동시다발적으로 설계할 기회를 갖는다. 언뜻 보기에 모두 다채로운 개별 작품처럼 보이나, 다세대주택 건축에 공통 적용될 수 있는 기본 체계가 서서히 구체화되고 있었다. 2021년 완공된 일원동 다세대주택은 일상 건축의 전위적 한계에 도전하면서도, 다세대주택의 유전자를 정리해 직관적으로 다이어그램화한 작품이다. 이에 일원동 다세대주택에서 발견되는 특징들을 각 부분과 전체의 관점에서 정리해 다섯 가지 사항으로 기술해 보고자 한자.

1. 다세대주택의 지상층은 굴착(excavation)에 의한 토굴 건축이다. 지상층에서는 필로티 구조를 통해 주차 공간을 조성한다. 지상층 내부에는 계단실 코어와 더불어 작은 근린생활 공간을 마련하면서 골목과 도시적 소통을 허용한다. 설계 당시 기준, 높이 9미터(현행 10미터) 이상부터 일조권 사선제한이 완화 적용되는 법규 때문에 지상 3개 층의 층고는 매우 제한적이다. 일원동의 경우 건축가는 기존 건물의 반지하층 바닥 높이를 살려 층고를 보강하는 절충안을 제시했다. 지상층은 건축선 내부뿐 아니라 지면 아래로도 속을 파내어 공간을 창출해낼 수 있으므로 토굴 건축의 방식과 흡사하다. 게다가 필로티 기둥마저 아예 없애고 캔틸레버

구조를 적용함으로써 돌출된 거대한 바위 밑의 공간을 닮게 된다. 그 결과 외부 주차가 용이해진 것은 물론, 실내 공간에서는 모퉁이 전면창을 통해 햇살과 풍경이 적극 유입된다.

2. 다세대주택의 2-3층은 압출(extrusion)에 의한 최대 건축이다. 2-3층은 아직 일조권 사선제한이 유예된 한계 높이 이내의 볼륨으로 최대한으로 팽창한다. 최대한의 영토를 확보하려는 자본주의의 제국주의적 욕망이 지배하는 영역인 것이다. 이웃에 대한 배려는 전혀 없는 극단적 이기주의의 폐쇄적 블록으로서, '발견한 그대로(as found)'의 부지 모양 그대로 수직 분출되어 굳어버린 화산석과 흡사하며 무관심한 미니멀 입방체 형태가 생성된다. 일원동의 2-3층은 육중한 콘크리트 볼륨이 고인돌의 덮개돌처럼 압도하고 있다. 소규모 일상 건축에서 발견하기 어려운 비렌딜트러스(Vierendeel Truss) 구조가 적용된 덕분이다. 이는 지상층의 편의를 위해 캔틸레버가 결정된 후 이에 따라 상층 바닥이 처질 우려에 대한 구조적 보강책으로 설명된다. 순진무구한 합리성으로 위장된 격자 체계 구조가 드러나는 획일적 입면은, 임대용 원룸들의 복잡한 평면들이 테트리스처럼 조합된 내부의 현실과 대비된다.

3. 다세대주택의 4층은 넓게 개방될 수 있는 테라스 하우스의 건축이다. 4층은 일조권 사선제한이 원칙대로 작용하는 첫 번째 바닥층이다. 수직 상승하던 정북 방향 건축 입면이 정남 방향을 향해 후퇴하며 일조권 사선 경계와 병합되기 시작하는 기준선인 것이다. 고전적 직각 기하학과 자연을 고려한 사선이 합쳐진 비대칭의 형상으로 건축은 돌변한다. 형태적 단순성이 훼손되며 돌연변이가 시작되는 것이다. 지상층의 필로티와 4층의 '옥상정원' 플랫폼은 백여 년 전 르 코르뷔지에가 선언했던 '5원칙'을 환기시킬 수도 있지만, 이는 법규에 의해 유도되거나 억지로 강제된 결과일 뿐 건축가의 의지와는 무관하다. 부지의 조건에 따라 이 플랫폼은 좁은 베란다나 제법 넓은 테라스로 생성된다. 정북향에 위치하는 옥외 공간의 한계를 지니나, 도심에서 이와 같은 일탈적 옥외 공간은 건축적 사치라고 할 수 있다. 일원동의 경우, 부지의 장변이 정북향이어서 남쪽 변에 좁고 긴 최상부 볼륨만 건설이 가능하나 그만큼 넓은 테라스를 가질 수 있었고, 이를 따라 개방된 유리주택(Glass House)과 같은 투명한 거실 공간이 제시된다. 좁은 최상부 볼륨은 4인 가족용 펜트하우스를 계획해야 했기 때문에 경량 철골 구조가 적용되어 콘크리트 비렌딜트러스와 결합된 복합적 구조체가 구현되기도 했다.

4. 다세대주택의 최상부는 발굴된 조각이 숨겨져 있는 잠재적 예술의 건축이다. 최상부는 일조권 사선과 층수 제한에 의해 건물의 윤곽이 완성된다. 따라서 4층 플랫폼을 기단으로 삼고 하늘을 배경 삼아 부각되는 부분인 만큼, 신전의 페디먼트처럼 상징적 요소나 아이콘이 될 수 있다. 더 나아가 창의적 조각가를 기다리는 대리석 원석일 수도 있다. 미켈란젤로의 소명처럼 "돌덩어리 안에 조각상이 숨겨져 있으며 그것을 발견하는 것이 조각가의 임무"[2]라면, 최상부에서 건축가의 역할이 이와 비슷할 수 있다. 일원동의 경우 5층은 작은 창문들과 맞배지붕으로 간결하게 구성된 '동화 속 집'을 연상시킨다. 쿼드에서는 하늘에 떠 있는 거석, '천공의 성'과 같은 초현실적 상상이 연출되었다. 최상부는 건축가의 예술적 일탈을 허용한다.

5. 다세대건축의 전체는 이질적 요소들이 병치된 '카다브르 엑스키(cadavre exquis)'[3]로 귀결된다. 한 사람이 문장이나 그림 일부를 만들면, 다음 사람이 공동 작업을 고려하지 않고 만든 다른 것을 이어 붙여 나머지를 완성하는 초현실주의자들의 집단놀이와 매우 흡사한 건축인 것이다. 각 부분은 저마다의 현실적 사연이 있으나, 건축의 전체는 미스테리로 남게 된다. 일원동 다세대주택은 로트레아몽(Lautréamont)의 싯구이자 초현실주의 공식으로 자리 잡은 문구인 "해부대 위의 재봉틀과 우산의 우연한 만남"[4]의 관계를 연상시킨다. 지상층의 좁은 블랙 매스 위에 거대한 비렌딜트러스가 올려지면서 시소의 균형놀이가 시작되고, 다시 그 한쪽 끝 위에 치우쳐 적층된 펜트하우스 때문에 전체는 위기를 맞이한다. 비대칭성의 도입은 구조체의 정적인 안정성을 교란시킨다. 일상의 건축이 젱가 놀이처럼 위태로워지면서 비일상성의 생동감을 얻게 된다. 로제르 카이요(Caillois)가 묘사한 "진취적 생명성의 요소, 그러므로 위험과 모험"[5]이 도입되며, 세실 발몬도(Balmond)의 의도처럼 "역동성이 개시"[6]되는 것이다.

결론적으로 이와 같은 다세대건축의 특징들은 건축 자체가 도시적 상황과 법규 같은 외재적 조건들에 직접 대응하며 발전해왔기 때문에 비롯된 것임을 다시 강조할 필요가 있다. 김남건축은 과거 샬레와 맞닥뜨렸을 때처럼 다세대주택의 대지 위에 축적되어 온 규제들과 같은 외재적 조건들과도 '조용한 대화'를 이어 나갔으며, 그들이 여전히 포기하지 않았던 건축의 내재적 가치들에 부합하는 건축적 해법들을 도출해내기 위해 노력했다. 각 조건들은 특정한 건축 해법을 통해 해소되며, 그들이 실험하는 건축 해법 역시

---

[2] Michelangelo. "Every block of stone has a statue inside it and it is the task of the sculptor to discover it."

[3] 이 집단 놀이는 1925년경 마르셀 뒤하멜(Marcel Duhamel), 자크 프레베르(Jacques Prévert), 이브 탕귀(Yves Tanguy)가 발명했는데, 놀이의 원리는 다음과 같았다. 각 참가자는 이전 참가자가 무엇을 썼는지 모른 채 문장 일부를 주어-동사-목적어-형용사 순서로 작성하는 것이었다. 이 과정에서 나온 첫 번째 문장은 다음과 같았다: "Le cadavre-exquis-boira-le vin-nouveau." 그 뜻은 "절묘한 시체가-신선한-포도주를-마실 것이다"였다. 앞의 구절(cadvre exquis)이 집단놀이의 이름이 되었다.

[4] "Beau comme la rencontre fortuite sur une table dedissection d'une machine à coudre et d'un parapluie", in Lautréamont (Isidore Ducasse), *Les chants de Maldoror*, 1869.

[5] Roger Caillois, "La dissymétrie", in *Cohérences aventureuse*, 1976, p. 256.

[6] Cecil Balmond, *Informal*, 2000, p. 27.

외재적 조건과의 상호 관계를 통해 정당화된다. 다세대건축은
독자적 해법들이 자동 결합된 콜라주(collage)로서 완성된다.
각 부분은 스스로 존재하고 전체는 이를 따를 뿐이다.
그렇게 생성된 낯선 형태는 도발적이다. 형태적 생경함은 새로운
예술을 시도하는 전위 건축의 탄생에 있어 전제적인 조건이 될
수도 있다. 혹은 오랜 세월을 거쳐 살아남는 긴 호흡의 건축이라면,
우리 시대 '건축가 없는 건축'을 증언하는 한 사례로서 조용히
기록될 것이다.

본 글은 2023년 출판된 『의미, 무용, 태도:
2023 젊은 건축가상』의 도록에 포함된 본 저자의 리뷰글
「건축의 내재적 가치와 외재적 조건」(pp. 68-83)을
일부 수정하여 기술한 내용의 글임을 밝힙니다.

남성택
한양대학교 건축학부 부교수이다. 서울대학교 건축학과를 졸업하고
프랑스 파리 마르느-라-발레 건축대학에서 석사 및 프랑스 공인 건축사를 획득했다.
이후 실무를 병행하며 스위스 로잔 연방공과대학(EPFL)에서 자크 뤼캉 교수의
지도 아래 '건축과 레디메이드'를 주제로 박사학위를 받았다. 2019년 뉴욕대학교,
The Institute of Fine Arts 방문학자였다. 건축을 중심으로 오브제 디자인에서
도시계획에 이르기까지, 즉 스케일의 구분 없이 삶과 관련된 인위적 환경의 구성,
구축, 변형 등 총체적 이론들과 디자인 연구에 관심을 두고 있다.

수상작 크리틱 3

건축의 최대치

박정현

알도 로시(Aldo Rossi)의 『도시의 건축』을 한 학기 동안 읽고 논하는 세미나에 참석한 적이 있다. 마침 한국어판이 나왔고, 역자가 직접 세미나를 이끌었다. 『도시의 건축』을 '한국에서' 이해하기에 더할 나위 없이 좋은 조건이었다. 그런데 학기 내내 세미나는 잘 소화가 되지 않았다. 책 전체에서 가장 중요한 개념 중 하나인 유형이 문제였다. 유형은 목에 걸린 가시였다. 이해는 되지만 받아들여지지 않는, 그래서 계속해서 이물감이 들었다. 예컨대 이런 문장들 말이다. "유형의 개념을 영속적이며 복합적인 것으로 그리고 형태 이전에 존재하고 그 형태를 성립시키는 논리적 원칙으로 생각한다", "유형은 불변하고 필연적인 성격을 띠고 나타난다 …. 유형은 모든 변화에도 불구하고 건축과 도시의 원칙으로 언제나 감정과 이성과 함께해 왔던 것이다"[1] 알도 로시에게 영속적이며 변하지 않는 유형의 존재는 도시를 영속시키는 힘이었다.

건축과 도시는 어떻게 불변과 영속이라는 단어를 자신의 서술어로 거느릴 수 있을까? 알도 로시에게 그 유형의 영속성은 중정형, 편복도 회랑형 같은 것들이다. 이 유형들은 그 자체는 선 몇 개로 그릴 수 있는 무척 간단한 흔적 같은 것이지만, 매번 구체적이고 다양한 형태를 낳을 수 있는 잠재태이다. 밀라노 출신 건축가 알도 로시에게 편복도 회랑은 로마 군단병의 주둔 도시로 밀라노가 탄생했을 때부터 지금까지 반복 사용되어온 공동 주택의 틀이다. 유형은 그곳을 지배했던 다양한 민족, 이데올로기와 정치 체제, 건물을 만드는 데 동원된 재료와 공법, 기술과 무관하다. 이 잡다한 것들을 초월해 있는 동시에 제일 밑바닥에 깔린 것이다. 그래서 유형은 평면을 통제하는 장악력 같은 것이다. 임의적이고 유행에 따라 바뀌지 않도록 가장 밑에서 붙잡고 있는 것이라고 해도 좋다. 기껏 70년 남짓 머무는 한 개인의 생애주기에 비한다면 2000년 이상 변하지 않은 몇몇 유형은 영속한다고 해도 좋을 것이다. 그런데 이 바뀌지 않는 유형이 왜 다시 문제가 되는가? 영속하면서 끊임없이 반복되며 도시의 형성물을 만들어내고 있었다면 굳이 이를 옹호할 필요가 있을까.

[1] 알도 로시, 『도시의 건축』 (동녘, 2003), 61, 63쪽. 참고로 이탈리아어 초판 *L'architettura della città*는 1966년, 영문판 *The Architecture of the City*는 1982년에 출간되었다.

건축역사 학자 아르간은 "'유형'에 의지하는 일은 예술가가 긴급하게 처리해야 할 일들이 과거에 뿌리를 두고 있을 때 일어난다"고 말했다.² 아르간의 언급은 어쩌면 할 필요가 없는 당연한 말을 되풀이하는 듯이 들린다. 도시의 역사 전체와 다름없는 긴 시간의 층을 관통한 것이 유형이니 말이다. 그러나 역설적으로 관습이 현재의 실천을 이끌어나가는 힘을 상실할 때 과거가 부상한다. 서양의 경우 유형이 본격적으로 제기된 때는 계몽주의 시기다. 오더에 기반한 고전주의가 이성의 밝은 빛 아래에서 더 이상 자신의 존재 이유가 자명한 것처럼 가장하지 못했을 때다. 아르간과 알도 로시가 위의 이야기를 한 1960년대는 모더니즘이 예전같은 윤리적, 미학적, 기능적 정당성을 행사하지 못했을 때다. 기대고 버틸 수 있는 눈앞의 지지대가 사라졌을 때, 노골적으로 말하자면 '하던 대로 하지 못할 때' 더 깊은 저류에 흐르는 유형에 눈길을 돌린다.

다른 것에 눈길을 주었다가도 언제나 되돌아가 물을 수 있는 것이 건축이 딛고 서 있는 도시에 남아 있다는 생각이 도시와 건축을 하나의 덩어리로 만든다. 로시의 책 제목 '도시의 건축'이 그것을 말한다. 이런 생각은 건축이 만들어내는 형상(figure)과 도시라는 배경(ground)의 길항으로 건축과 도시를 동시에 이야기하는 콜린 로우(Colin Rowe)와 프레드 코에터(Fred Koetter)의 『콜라주 시티』(Collage City)도 공유하고 있다. 로시와 로우의 정치적 입장은 전혀 달랐지만 말이다. 도시의 역사 속에서 건축의 근거를 발견하고, 건축으로 도시를 형성해 간다는 생각은 비단 서유럽 건축가들만의 전유물은 아니었다. 21세기 서울에서도 일군의 건축가들은 건축과 도시를 통합하려고 했다. 서울도시건축 전시관, 서울도시건축비엔날레, 국립도시건축박물관 같은 명칭에서 확인할 수 있듯이 지난 10여년 동안 도시와 건축 사이에는 어떤 접속사나 간극도 필요없이 하나가 되고 싶어했다.³ 이 바람은 도시와 건축이 한국에서 돌이키기 힘들 만큼 분리되어 있음을 가리는 이데올로기일뿐이다. 건축은 도시의 역사에서 자신의 근거를, 숨어 있는 잠재태를 발견할 수 없다. 일산과 분당, 나아가 판교와 전국의 혁신도시의 필지는 아무런 맥락을 건축가에게 제공해주지 않는다. 용도 지역 구분과 최소한의 기반시설인 도로만이 무심하게 펼쳐져 있을 뿐이다. 역사의 부재를 대신하는 것은 공들인 지구단위계획과 지침이다.⁴ 다르게 표현하면 동시대 건축가에 의해 만들어진 윤리와 공동체에 대한 호소다.

역사도시를 자처하지만 서울에서도 상황은 그렇게 다르지 않다. 서울에서 건축과 도시를 관장하는 거의 유일한 논리는 자본이다. 이 자본의 법적 외투가 용적률이다. 1960년대 이후 서울의 땅 일부는 아파트 단지로 바뀌었고 재개발과 함께 백지로 되돌아간다.

2
Giulio Carlo Argan,
"On the Typology of Architecture"
in Kate Nesbitt ed.s,
Theorizing a new agenda for architecture An anthology of architectural theory, 1965-1995
(New York : Princeton Architectural Pres, 1996), p.246.

3
이 기관과 행사의 영어 명칭에서는 도시와 건축은 urbanism과 architecure로 분명하게 구분된다. 서울도시건축 전시관, 서울도시건축비엔날레, 국립도시건축박물관의 영문 명칭은 각각 Seoul Hall of Urbanism & Architecture, Seoul Biennale of Architecture and Urbanism, Korean Museum of Urbanism and Architecture이다.

4
지구단위계획의 이상과 개별 필지 내 건축물의 간극에 대해서는, 박정현, 「중산층의 욕망과 공공성의 환상」, 《SPACE》 569호 (2015년 5월), 84쪽.

한국이라는 나라의 모든 것이 얽혀 있는 아파트는 건축, 심지어 도시의 손을 떠난지 오래 전이다. 건축의 시선은 아파트로 변하지 못한 땅에 집중된다. 이상헌의 『서울 어바니즘』, 김성홍의 도시건축 3부작, 박기범의 『동네에 답이 있다』, 황두진의 『무지개떡 건축』 등은 대체로 이곳을 주목한다. 근린생활시설과 다세대·다가구는 한국 건축의 특이성을 드러내는 현장이자 작은 규모의 건축사사무소 설계 시장을 지탱하는 고립된 산업 생태계다. 각 도시의 형상-배경 지도를 비교할 때 언제나 대상이 되는 곳이기도 하다.[5]

김남건축의 다세대주택(이하 '웜 앤 쿨')이 위치한 일원동도 마찬가지다. 이 일대를 비롯해 서울의 다세대주택 밀집 지역은 대체로 두어 번의 변신 과정을 겪었다. 토지구획정리사업과 본격적인 강남 개발이 이루어진 1970년대 100평 남짓한 필지들은 단독주택 용지였다. 이 단독주택 밀집지는 1980년대부터 서서히 다세대·다가구 주택으로 바뀌기 시작한다. 전두환 정권은 주택 500만 호 건설 계획을 수립한다. 당시 가구당 인구수를 고려하면 터무니 없는 수치로, 물론 계획에 그쳤다. 그러나 이를 준비하면서 이루어진 일련의 법 개정은 단독주택이 다세대주택으로 바뀔 수 있는 법적 토대를 만들었다. 1984년 12월 31일 개정된 '건축법'에 따라 다세대주택이 등장한다. 다세대주택은 건축 유형—이 유형이 앞에서 말한 로시의 유형인지는 잠시 접어두자—이전에 법적 분류에 따라 규정되었다. 즉 '연면적 330제곱미터 이하로서 2세대 이상이 거주할 수 있는 주택'이다. 건축법이 건축을 규정하는 여러 힘들 가운데 하나임은 분명하지만, 법은 하나의 담론을 만들어내는 외부적 규칙이다. 무엇을 할 수 있고 할 수 없는지, 바꾸어 말해 합법과 불법을 나누는 기준은 사회적 힘들에 의해서 정의되는 것이지 하나의 기율(discipline)로서 건축 내부에서 연원하는 것은 아니다. 건축을 하나의 기율로 설정하는 것이 여전히 의미가 있는지, 이런 시도가 가지는 숨은 욕망이 무엇인지를 물을 필요가 있을 것이다. 그러나 여전히 건축 담론은 이 잠재적이고 유동적인 기율의 경계선을 상정하고 작동한다.

다세대주택을 둘러싼 쟁점은 단독주택을 염두에 둔 지역이 일종의 공동주택지로 바뀌었음에도 불구하고 모든 것을 개별 필지 안에서 해결하도록 내버려두었기 때문이다. "아파트와 연립주택과 같은 통상의 공동주택 건축 기준에서 정한 대지 내 통로 폭, 일조권 확보를 위한 건축물의 높이 제한, 인동 거리, 건축면적 산정 등의 규제"를 크게 완화해버린 것이다.[6] 반지하층 주거, 공기 규정, 옥외 계단의 건축면적 산정 제외, 주차장 설치 기준 완화 등이 뒤를 이었다. 전두환 정권에 이은 노태우 정권은 주택 200만 호 건설을 공약으로 내걸었고, 이를 임기 내에 달성했다. 이전 정권의 목표에

---

[5] 그러나 이 형상-배경 지도는 아파트 단지의 빈서판과 나란히 할 때에만 의미가 있다. 단지 내 주동 배치나 형상은 별 의미가 없다. 그 전체가 하나의 백지를 희망하며 존재하기 때문이다.

[6] 박철수, 『한국주택 유전자 2』(마티, 2021), 641쪽.

비하면 절반 이하의 수치였으나 이 역시 분당, 일산, 평촌 같은
아파트 단지 중심의 신도시로는 맞출 수 없는 물량이었다.
다시 법규는 단독주택을 다가구주택으로 수선하거나 용도 변경을
독려했다. 1989년 12월 27일 건설부가 마련한 「다세대주택
표준설계도서」가 대표적인 사례다.7

      이 과정을 거쳐 한국 특유의 건축적 종이 탄생했다.
반지하 주거, 콘크리트 구조와 붉은 벽돌 마감, 옥외 계단과
망사르드 지붕, 여기에 발코니나 옥외 계단을 금속 새시로 덮어
실내로 만들거나 생활의 필요에 임기응변으로(대체로 불법
구조물인) 대처하면 한국식 버내큘러가 완성된다. 사선제한,
용적률, 건폐율이 건물을 지을 수 있는 최외곽 경계성을 정하고
나면, 그 속에서 건축가들은 치열한 해법을 찾으려 노력한다.
김성홍은 2016년 베니스비엔날레 한국관 주제로 '용적률 게임'을
제시하고 주거 지역의 근린생활시설에 주목한 바 있다.
다세대주택도 여기에서 거의 벗어나지 않는다. 합필을 통해
필지를 적정 수준으로 키우고 주거와 다른 프로그램을 섞는 것이
지역 환경을 개선하는 주요한 방법이 될 수 있다고 역설한 것이
황두진의 『무지개떡 건축』이다. 그러나 대부분의 경우, 하나의
필지에서 (기업이나 공공이 아닌 민간) 개인 건축주의 요구를
최대한 수용하면서 이 게임을 푸는 길 말고 다른 선택지는 없다.

      '웜 앤 쿨'은 이 문제에 대한 김남건축의 해법이다. 이는
김남건축의 두 건축가들이 프로젝트 설명글의 대부분을 받은
문제와 풀어나간 해법에 할애하는 것에서도 쉽게 확인할 수 있다.
지상 주차장과 반지하, 층당 원룸 3개, 건축주 가족을 위한
4–5층이라는 문제는 십수 년 전과 동일하다. 이를 어떻게
풀 것인가? 차량과 사람들이 들고 나기에 편하려면 필로티가 없는
것이 유리하다. 코어를 제외한 나머지 전체를 비우기 위해서는
통상적인 철근콘크리트 구조 이상이 필요했다. 김남건축의 선택은
2, 3층을 비렌딜 트러스(vierendeel truss)로 처리하는 것이었다.
저층부에 큰 열린 공간이 필요한 대형 건물이나 스팬이 넓은
다리 등의 구조물에 사용되곤 하는 비렌딜 트러스가 다세대주택에
적용된 유일한 경우일 것이다. 건축주가 거주하는 4–5층은
일조권 사선제한 때문에 매스의 용적이 급격히 줄어든다.
몇 센티미터의 실내 공간 크기도 아쉬운 상황에서, 선택지는 일정
수준 이상의 단열 성능을 유지하면서 벽 두께를 최소화하는
것이다. 면으로 이루어진 철근콘크리트보다는 선형 구조 사이에
단열재를 채울 수 있어 벽 두께를 줄이는 데 유리한 철골조가
해법이다. 이렇게 반지하와 1층의 철근콘크리트, 2–3층의 비렌딜
트러스, 4–5층의 철골이라는 복잡한 구조가 완성된다. 층별로
요구되는 다른 기능과 성능을 최대한으로 끌어내기 위한 선택이다.

7
같은 책, 648쪽.

층별로 다른 구조와 용도(주택이지만 완전히 다른 사회적 경제적 특성을 지닌)는 외부에도 반영된다. 2-3층이 떠 있는 것처럼 보이기 위해서 코어는 부피가 적어보이는 검은 색으로 마감했고, 층별로 3개의 원룸이 빈틈없이 맞물린 2-3층은 정사각형 창이 단위 유니트의 반복을 암시하며 리듬을 부여한다. 3층 지붕을 인공 대지 삼아 올라간 4-5층은 집에 대한 통상적인 관념을 표상하는 듯 박공지붕을 얹고 있다. 제각각인 구조 자체가 바깥에서 드러나지는 않는다. 건축가들은 이 다른 요소들의 연결 부위가 기능적으로 완벽한 역할을 해내면서 시각적으로도 매끈하게 이어지도록 주의를 기울였다고 말한다.[8] 그러나 '웜 앤 쿨'이 높은 가치를 지니고 있다면 그것은 공들인 물끊기와 세련된 완성도에 있지 않다.

김남건축은 일종의 전형을 제시한다. 기능-구조-형태가 빈틈없이 맞물려 나간 이 다세대주택은 주택 임대 시장이라는 게임에도 완벽한 참여자다. 건폐율 59.93퍼센트, 용적률 191.47퍼센트로 땅이 허락한 최대 면적에 부합했다. 그리고 공실 없이 임대가 이루어지게 함으로써 금융 시스템(임대 수익과 노후 대책)의 한 축으로서의 집이라는 역할도 탁월히 수행했다. 제도와 사회의 압력 속에서 주조된 이 완벽에 가까운 방법을 우리는 알도 로시의 유형과 비교해볼 수 있을까? 로시에게 유형은 영속하는 도시에서 시간의 축적 속에 걸러진 형태다. 비단 김남건축뿐 아니라 한국 건축가들이 단기간의 법과 제도가 강제한 게임 속에서 추출해낸 형태의 틀을 우리는 무엇이라 불러야 할지 분명치 않다. 유형이라는 단어 자체가 무척 폭넓게 쓰이니 이 역시 유형이라 칭해도 무리 없다고 말할 수도 있겠다. 당장은 무엇이라 규정하기보다 이 둘을 비교해보는 것만으로도 족할 것이다. 앞에서도 언급했지만, 유형의 특성은 개방성이다. 구체성을 띠기 전의 흐릿하고 느슨한 형태로 장소와 재료에 크게 구애 받지 않고 다양한 결과물을 낳을 수 있는 잠재성을 지니고 있다. 김남건축이 제시한 이 해법은 장소와도 무관하다. 일원동뿐만 아니라 성산동, 망원동, 중랑동, 나아가 서울을 벗어나 전국 어디에나 적용 가능하다. 물론 세 가지 다른 구조의 조합 그 자체가 계속 반복될 수는 없겠지만, 사회 경제적 요구와 건축적 완결성 사이의 흔치 않은 이 조합의 틀은 어디에서든 반복 가능하다. '웜 앤 쿨' 주변에 펼쳐진 다세대주택지가 이 틀로 재편되었다고 생각해보자. 상상 속에 펼쳐진 풍경이 유쾌해 보이지 않을지 모른다. 별다른 수사나 완충장치 없이 유형을 반복한 로시의 갈라라테세(Gallaratese) 단지처럼 말이다. 그러나 그 풍경은 하나의 필지 안에서 할 수 있는 최대한의 건축이 모인 모습이다. 이는 건축가 개인의 문제가 아니라 한국에서 건축이 처한 한계를 드러낸다. 더구나 20여년마다 헐고 새로 짓는 일이

[8] 김남건축, "웜 앤 쿨", 《SPACE》 678호 (2024년 5월), 65쪽.

벌어지는, 사회적·경제적 이해가 건축과 도시의 논리를 압도하는 현장에서 이 해법은 2020년대 중반에만 유효성이 있는 일시적인 것일지도 모르겠다. '웜 앤 쿨'은 한국 다세대주택 변화의 한 기착점이자 주택 시장과 도시에서 건축이 할 수 있는 최대치를 보여준다. 그 이상은 건축(가)의 영역이 아니다.

박정현

《미로》 편집장, 연세대 겸임교수. 서울시립대학교 건축학과에서 박사 학위를 받았다. 『건축은 무엇을 했는가: 발전국가 시기 한국 현대 건축』(2020)을 비롯해 『김정철과 정림건축』(편저), 『전환기의 한국 건축과 4.3그룹』(공저), 『중산층 시대의 디자인 문화: 1989–1997』(공저) 등을 쓰고, 『포트폴리오와 다이어그램』(2013), 『건축의 고전적 언어』(2016) 등을 번역했다. 2018년 베니스 비엔날레 한국관 〈국가 아방가르드의 유령〉, 〈Out of the Ordinary〉(2015, 런던), 〈Contemporary Korean Architecture, Cosmopolitan Look 1989–2019〉(2019, 부다페스트) 등의 전시에 큐레이터로 참여했다.

특별 기고

특별 기고 1

이제 도시 현실이 실천 주제가 되려는가

박인석

이번 한국건축역사학회 작품상은 한국 도시 건축이 갖는 역사적 조건과 과제를 들추어낸 이벤트였다. 최종 후보에 오른 세 작품 중 둘이 도시 골목 주거지 속 소규모 건축이다. 수상작인 일원동 다세대주택(김남건축, 2021)은 다가구주택 골목 안 189m² 대지에 건축한 연면적 389m² 다세대주택이고, 이와 경합한 최종 후보작 베이직스 사옥(리소건축, 2022) 역시 표준형 단독주택지 골목 139m² 대지에 건축한 연면적 196m² 소규모 사무소 근린생활시설이다.

지난 다섯 차례 작품상에도 소규모 건축물이 등장한 일이 없진 않았지만, 이번 작품상은 특별하다. 단독주택이나 다가구주택, 혹은 근생건물로 채워진 도시 골목 주거지 속 한 개 필지에 지은 건축물이라는 점, 대상작들 역시 여느 동네에서나 흔히 볼 수 있을 법한 다세대주택과 근생건물, 즉 '동네건축'이라는 점에서 특별하다.

동네건축은 한국 도시 공간 현실에 축적되어 있는 역사 과정과 그 결과가 조건으로 작동하고 있는 생생한 역사적 현장이다. 한국 사회는 1970-90년대에 진행된 압축적 경제 성장 과정에서 급격히 팽창한 중간 계층 시민들이 내뿜는 '살 만한 주거환경' 수요에 직면한다. 경제 성장에 올인한 채 동네 공간 환경 개선 투자에 엄두를 못낸 정부는 여기에 아파트 단지 공급, 즉 '단지화 전략'으로 대응했다. 주택공사와 민간 건설 업체들이 주차장, 휴게 녹지를 비롯한 여러 편의 시설을 갖춘 아파트 단지를 조성하고 시민들이 이를 구입하도록 한 것이다. 신개발, 혹은 재개발을 통해 아파트 단지들이 빠르게 늘어나는 동안, 변변한 기초 생활 인프라(생활SOC) 확충·개선 없이 방치되다시피 한 일반 동네들은 다세대·다가구주택·근생건물이 밀집한 동네로 과밀화하였고 골목들은 주차장을 방불케 하는 풍경으로 바뀌어 갔다. 어느 결에 아파트 단지는 전체 주택의 65%에 이를 정도로 늘어났고, 당연하게도 한국의 도시는 '중간 계층 이상은 아파트 단지, 중간 계층 이하는 골목동네'로 구분된 '이중 도시'가 돼버렸다.

이러한 도시 상황에서 건축 작업이 당면한 과제는 두 개로 압축된다. 하나는 이미 도시주택의 주류가 되어 도시를 폐쇄적 소집단 결사체로 만들고 있는 '담장 속 아파트단지 건축을 어찌할 것인가'이고, 다른 하나는 기초생활인프라가 부족한 '골목 속 동네건축을 어찌할 것인가'이다. 한국 도시건축에게 주어진 역사적 조건이자 그것과 씨름해야 할 최전선이다.

동네건축이 건축 작업의 최전선인 근거는 그것이 갖는 보편성에서 확인된다. 전체 주거 공간에서 차지하는 양적 비중이 매우 크다. 한국 도시를 채우고 있는 건축물 중 대다수가 '작은건축', 즉 동네건축이다. 통계청의 2023년 건축물 통계에 따르면, 전국 건축물 7,391,084동 중 연면적 1,000m² 이하가 6,846,407동으로 92.6%이고 500m² 이하로 좁혀도 6,248,394동으로 84.5%를 차지한다.

    보다 구체적으로는 서울시 저층 주거지 통계가 있다. 서울연구원 연구(서울시 저층 주거지 실태와 개선 방향, 2017)에서는 5층 이하 저층 주택이 밀집한 저층 주거지 면적을 124.5km²로 보고하고 있다. 서울시 아파트 단지 면적 79.8km² (통계청, 아파트 주거 환경 통계, 2022)의 1.5배가 넘는다. 이 연구에 따르면 저층 주거지와 아파트 단지의 인구밀도는 각각 4.2만 명/km², 6.6만 명/km²로, 이를 기준으로 거주 인구를 계산하면 각각 523만 명, 527만 명으로 비슷하다.(서울연구원 연구 수치는 2015년 지적도를 기초로 산출한 것이고, 통계청 수치는 2022/23년 기준 통계인 탓에 일부 오차가 있다.) 이러한 수치는 2023년 현재 서울시 아파트 거주 인구가 51%, 단독주택·다가구주택·다세대주택 등 비아파트, 즉 동네건축 거주 인구가 49%라는 통계와도 일치한다. 아파트 단지가 급증하고 있지만 동네건축은 여전히 시민들의 유력한 삶터라는 얘기다.

    작은건축·동네건축은 건축 생산에서 늘 큰 비중을 차지했지만 건축 역사 서술과 건축가의 '작품' 대상이 되지 못한 채 늘상 '질 낮은 건축'으로 간주되어왔다. 일부 저택이라 할 만한 단독주택 정도가 예외적 대우를 받았을 뿐이다.

    상황이 달라지기 시작한 것은 한국 경제가 용솟음친 1990년대를 지나면서였다. 팽창하는 경제 규모만큼이나 커가던 소비 시장에서 상대적으로 양호한 질적 수준을 요청하는 작은건축·동네건축 수요가 늘어났다. 급격히 증가하고 있던 소위 '젊은 건축가' 군단이 이것을 주요한 일거리로 붙든 것은 자연스러운 일이었다. 건축기본법(2007) 제정으로 서울시 등 지방정부가 도입하기 시작한 공공건축가제도, 소규모 공공건축까지 설계공모를 의무화한 건축서비스산업진흥법(2013) 제정, 중앙정부의 도시재생 및 생활SOC 확충 정책이 이러한 변화 추세에 힘을 더했다. 한국건축문화대상, 서울시건축상 등 '작품'상에서 작은건축·동네건축이 눈에 띄기 시작한 것도 이때쯤부터였다. 대규모 건축물이 주류인 가운데 '작품성' 있는 단독주택이 말석 한두 자리를 차지하게 마련이었던 수상작 목록에 작은건축·동네건축이 상위권에 오르는 게 드물지 않은 일이 되었다.

작은건축·동네건축을 주제로 한 주목할 만한 담론 작업도 등장했다. 2016년 베니스 비엔날레 한국관 전시 〈용적률 게임〉이 녹록지 않은 도시 부동산 현실 속에 진행되는 작은 건축 생산에서 도시 공간 변화의 실마리를 찾으려 했고, 올해 국립현대미술관 기획전 〈연결하는 집: 대안적 삶을 위한 건축〉이 아파트 단지에 편중된 주거 현실의 대안으로 동네건축을 제시하고 있다. 그러나 이들이 제기하는 문제의식이 실천적 담론으로는 이어지지 못하고 있는 듯하다. 작은건축·동네건축 작업을 그저 부동산 시장 속에서 법규와 씨름하는 치열한 전투장으로 바라보는 시선, 경제적 타산이 의심스러운 흥미로운 개인적 모험담쯤으로 여기는 시선이 교차한다. 그저 '아파트가 아닌' 집이라는 점에서 의미를 찾고 있을 뿐이다.

작은건축·동네건축에 대한 이런 방관적-피상적 태도는 건축 담론계가 여전히 자신의 도시 현실에 발을 딛지 않고 있음을 반증한다. 이제껏 그래왔듯이 건축 내적인 가치(그것이 역사성이든 형태나 공간, 구법에 관한 것이든)에 집중하는 입장이 견고하다. 외적·사회적 가치에서는 도시 공간 구조나 형태의 보전·복원·변주를 두고 고심하는 데 머문다. '자족·폐쇄적인 아파트 단지'와 '기초 생활 인프라 부족에 시달리는 골목동네'로 양극화한 도시 상황은 정책 연구 대상은 될지언정 건축 비평 등 담론 세계에서는 줄곧 소외되어왔다. 한국 도시 주거지가 밟아온 역사적 과정과 그 귀결인 현실 상황에 무감한 '비역사적' 사태라 해야 한다. 이번 작은건축·동네건축 작품상 수상이 이런 비역사적 사태를 교정하고 이제 비로소 이 땅의 현실이 한국 건축 중심 주제의 하나로 자리 잡는 계기가 될 수 있을까. 아니면 그저 예외적인 일회성 이벤트에 그치고 말 것인가.

동네건축은 자신이 접하고 있는 골목길을 포함한 동네 공간 환경에 의존할 수밖에 없는 건축이다. 대지 면적도 건축 면적도 작아서 주변 공공 공간과 절연한 상태로는 자체적으로 확보할 수 있는 공간의 양과 질에 한계가 있을 수밖에 없다. 동네건축은 도시 공간의 조건에 긴밀히 적응해야 하는, 도시 공공 공간에 종속된 건축인 셈이다.

동네건축의 도시 공공 공간 종속성은 의존할 좋은 공공 공간을 찾는 일로 이어지고, 이는 공공 공간의 질적 수준 향상을 요청하는 효과로 귀결된다. 동네건축의 질이 공공 공간 환경 수준에 기댈 수밖에 없다는 것은, 이를 삶터로 삼는 시민들이 공공 공간 환경에 기대어 살아가야 함을 뜻한다. 그리고 이는 다시 좋은 공공 공간 환경에 대한 시민들의 바람으로, 나아가 이에 대한 요청·촉구로 이어진다. 기초 생활 인프라가 부족한 한국 골목동네 주거지에서 동네건축, 작은건축이 실천적 의미를 갖게 되는 지점이다.

그러므로 작은건축에게 '작품'으로서 요청되는 요건이자 최대 덕목은 도시 공간 조건과 맥락에의 적극적 대응이다. 스스로 질 수준을 높이기 위해 필수적일 뿐 아니라 도시 공간의 질적 개선을 요청·촉구하는 주체를(시민을) 늘려가는, 좋은 도시·좋은 사회를 향한 실천적 의미까지 획득하는 일이기 때문이다. 이는 담장을 둘러친 아파트 단지나 타운하우스 단지를 의미 있는 '작품'으로 인정하기 곤란한 이유이기도 하다. 그것들이 제아무리 독특하고 뛰어난 구성을 보인다 해도 '단지' 내부에 국한된 일일 뿐 도시 공공 공간과는, 즉 일반 시민들의 삶과는, 아무런 관계가 없기 때문이다.

동네건축 '작품'의 요건과 이를 둘러싼 담론이 겨냥해야 할 지점은 분명하다. '도시 맥락에의 대응'을 넘어서, '도시에의 배려'를 넘어서, '도시에 대한 요청·촉구'가 있는가? 도시가 좋아야, 공공 공간이 좋아야 내 집도 좋아지는, 그럼으로써 공공에 대한 배려와 요청을 자신의 삶의 일부로 체화하고 생활화한 시민을 늘려가는, 그런 건축을 의식하고 있는가?

이번 한국건축역사학회 작품상은 한국 도시의 현실, 즉 '지금 여기'에 기반한 작업에 주목하려는 작품상(선정)위원회의 의식이 작용한 결과일 것이다. 부동산 개발과 단지화 전략에 편향한 도시 경제와 정책 결과물로서의 동네건축. 그것이 '지금 여기'의 현실 조건이자 역사의 축적물이라는 생각. 이를 천착한 건축 작업은 필연적으로 한국건축역사학회 작품상의 취지에 걸맞게 "역사적 맥락의 해석과 적층된 시간의 힘을 드러낼 것"이라는 인식이 작용했을 것이다. 한국 도시가 겪어온 역사적 과정에 비춘다면 동네건축에서의 그 '해석'과 '드러냄'은 도시공간의 질에 대한 '배려'와 '요청·촉구'여야 하지 않을까? 자체적인 공간 자원이 적어서 도시공간의 질을 보태는 '배려'에 한계가 있는 작은건축임을 고려한다면, 작은건축·동네건축이 해석하고 드러낼 '역사성'은 스스로의 질 확보를 위해 도시 공간의 질 제고를 '요청'하고 '촉구'하는 데 방점을 두어야 하지 않을까? 그런 덕목을 갖춘 건축을 탐색하는 것이야말로 '역사'에 기반한 건축 작업과 담론의 실천이 아닐까?

작품상 토론회에서 펼쳐진 이야기 속에서는 이러한 문제의식을 뚜렷이 감지할 수 없었다. 작품들에서는 도시 공간과의 직접적인 면대면 접속(작은건축에게는 당연한)은 보이지만 이를 넘어선 좋은 도시 공간 요청 주체로서의 몸짓을 찾기 어렵다. 도시 공간과의 관계·의존을 최소화하고 자족적으로 질을 확보하려는 태도도 엿보인다. 질이 높지 않은 도시 공간으로 인해 자신의 질을 훼손당하지 않으려면 일정 정도 그런 처리가 불가피했을 터이다. 불완전한 현실에서 살아남기와 그것의 개선을 위한 실천 사이에서 줄타기가 불가피한 것이 한국 도시 건축의 현실이다. 공공건축보다 민간건축에서 그 불가피함이 더욱 클 것이다. 그러나 그 불가피함 속에서 실천을 탐구하는 것이 진짜 과제 아닐까? 그 불가피함을 짚으면서도 그것을 넘어서는 건축을 사유하는 것이 진짜 과제 아닐까?

아직은 설계 의도나 작품평에서 한국 도시의 역사성과 현실적 조건, 그리고 이에 기반한 실천과 고민이 뚜렷이 드러나지 않는다 하더라도 작은건축 작업이 계속된다면, 이를 둘러싼 담론이 계속된다면, 의미 있는 실천 방안과 그것을 성취하는 작업이 늘어나고 진전하는 일은 어렵지 않을 것이다. 한국건축역사학회 작품상이 쏘아 올린 '작은건축' 이벤트가 한국 도시 현실에 발 딛은 건축적 실천을 자극하는 견인차가 될지, 또 하나의 일회성 이벤트에 그칠 것인지 여전히 확실치 않지만.

박인석
명지대학교 건축학부 교수. 건축적 사고와 방법에 대한 이해 없이 표준 해법과 관행에서 벗어나지 못하는 정부의 도시·건축·주택 정책을 비판하고 대안적인 정책을 제안하는 일에 관심을 두고 있다. 대통령 직속 국가건축정책위원회 5기 위원과 6기 위원장을 역임했다. 『건축 생산 역사 1-3』(2022), 『건축이 바꾼다』(2017), 『아파트 한국사회: 단지공화국에 갇힌 도시와 일상』(2013) 등을 썼다.

특별 기고 2

일원동 다세대주택 수상을 반기며

김성홍

'작품'으로서의 건축에 관한 글을 오랫동안 쓰지 않았던 터라,
이종우 교수(작품상위원장)가 글을 요청했을 때 망설였다.
글을 쓰기로 한 것은 두 가지 궁금한 점 때문이었다.
첫째, 크고 작은 건축상이 많지만, 내 기억으로 다세대주택이라는
비주류 건물이 최고상을 받은 사례는 없었다. 한국건축역사학회는
어떤 관점에서 이 건물을 제6회 작품상 대상 수상작으로
선정했을까? 둘째, 공개 발표에서 건축가들은 자신의 작업을
어떻게 설명했을까? 그들은 어떤 '어휘'를 사용했을까?
꽤 긴 한국건축역사학회의 유튜브 채널을 흥미롭게 시청했다.

2008년 금융 위기가 닥치기 이전, 부동산 시장에서 '빌라'로
통칭되는 다가구·다세대주택은 건축가를 꿈꾸고, 대학에서 건축을
배우고, 건축 시장에 발을 내디딘 건축가들과는 무관한 세계에
있었다. 집장사 혹은 집장수라고 불리는 소규모 개발업자 겸
건설업자들의 영역이었다. 이들은 먼저 부동산 중개소를 찾고,
허가 대행 업무를 하는 건축사를 소개받았다. 건축사가 할 일,
할 수 있는 일은 허가에 필요한 최소한의 도면을 만들어주는
것이었다. 그 이상의 품질과 품격을 고민하는 건축사를 만나는
것은 극히 예외적이었다. 그런데 이런 시장이 우리 도시의
절반에 육박한다. 2016년, 서울시의 모든 주택 중 아파트는
연면적으로는 61%를 넘었다. 다가구·다세대 주택은 24%였다.
하지만 가구 수로 따지면 아파트가 44.8%, 다가구·다세대 주택이
46.1%로 더 많았다. 2024년 11월 현재 이 비율이 역전되었을
것이지만, 여전히 서울 시민의 절반이 이런 '빌라'에서 살고 있다.

하지만 이 주택 시장은 정부의 계획과 지원이 미치지 않는
방치된 영역이었다. '촉진'이라는 말이 들어간, 속칭 「주촉법」,
「택촉법」, 「도촉법」은 지난 50년간 아파트의 대량 공급을 끌고 온
견인차였다. 나는 이를 '도시건축 삼촉법(三促法)'이라 부른다.
정부는 삼촉법을 통해 아파트 건설 계획을 주도하고 지원했다.
개인이 소유한 땅에서도 마찬가지였다. 반면 1984년 다세대주택,

1990년 다가구주택이 건축법의 울타리 안으로 들어왔지만, 건폐율, 용적률, 최고 층수, 이격 거리, 사선제한 등 소필지에 적용된 세세한 규정만 있었을 뿐이다. 이들이 밀집한 주택가의 체계적인 계획, 관리, 지원은 없었다. 도로사선 규정 폐지, 정북 방향 사선제한 완화, 주차 대수 완화, 필로티를 층수에서 제외하는 등 법과 제도의 변화가 4층 다가구주택, 5층 다세대주택이라는 독특한 주택 유형을 만들어냈다.

금융위기를 극복한 2010년대 이 시장이 건축가들에게 열리기 시작했다. 더 정확하게 말하면, 4세대 건축가들이 홀로서기를 위해 뛰어들었다. 나는 압축 성장 과정을 거친 지난 60년 기간의 한국건축을 4개 세대로 구분하는데, 그중 4세대는 1970년대 이후 태어나 1990년대 이후 대학교육을 받고 2008년 금융위기 이후 건축계 전면에 등장한 이들로 규정한다. 생물학적 나이, 정치·경제·문화적 환경, 교육과 실무 경험에서 이들은 앞 세대와 뚜렷하게 구분된다. 이들은 이전 세대보다 빠르게 홀로서기를 감행한다. 건축주, 공무원, 현장 기술자, 이해 당사자를 직접 만나 설득하고 문제를 풀어가야 한다. 그래서 이들이 구사하는 어휘는 관념으로 포장되어 있지 않다. 그들은 결과물을 통해 사용자와 대중에게 실력을 증명하는 리그에서 생존해야 한다.

김진휴, 남호진 역시 2014년 한국에 돌아온 후 첫 준공작이 다세대주택이었다. 그 이후 일련의 3개 작업 역시 같은 건축 유형이었다. 공개 발표와 토론에서 남성택 교수는 그들이 헤르조그 앤 드 뫼롱 사무소에서 일하면서, 별도의 개인 프로젝트로 스위스의 산속 마을(Haute-Nendaz)에 샬레(chalet)를 설계했다고 소개했다. 주변의 상황에 처절하게 대응하는 '익명의 건축'이라는 표현을 썼다. 땅에 닿는 아래는 석재, 중앙은 두꺼운 목재, 상부는 긴 처마의 경사지붕으로 구성된 독특한 양식은 경사 지형과 눈이 많이 쌓이는 기후에 오랜 기간에 걸쳐 순응하고 변용한 '버내큘러(vernacular)' 건축이다. 샬레가 스위스 산악 지방의 '버내큘러'라면, 다세대주택은 고밀도 한국 도시의 '버내큘러'이다.

버내큘러를 우리말로 번역하면 '토속'이다. 방대한 식민지를 구축했던 서유럽이 다른 문화권을 위에서 아래로 내려다보는 시각이 이 말에 깔려 있다. 그들이 만든 근대적 문화, 과학, 제도가 공통 문법이고, 나머지는 방언인 것이다. 디페시 차크라바티는 유럽이 비유럽에 무지한 것은 용인되지만 그 반대는 성립하지 않는 '무지의 불평등(inequality of ignorance)'이 여전히 작동하고 있다고 일갈했다.[1] 포스트 식민주의 연구자인 조앤 샤프는 서구 지식인들은 비서구가 습득하는 지식 형태를 신화(myth)와 민속(folklore)으로 치부함으로써 지적 담론의 언저리로

[1]
Chakrabarty, Dipesh, *Provincializing Europe*, Princeton University Press, 2000.

2
Sharp, Joanne P., *Geographies of Postcolonialism*, Sage, 2008.

3
권태훈,『빌라 샷시: 삶의 방식이 건축의 형태로』, 드로잉리서치, 2020

4
Langer, Susanne, *Feeling and Form, A Theory of Art*, New York: Charles Scribner's Sons, 1953.

격하시킨다고 비판한다.² 버내큘러 건축과 건축 방언은 이러한 맥락에 있다.

한국건축계에서도 '빌라'는 방언의 건축이었다. 권태훈이 건축가 없는 건축 안에서 '내재된 기하학,' '제작의 효율성,' '체화된 문법'을 발굴한 책『빌라 샷시』를 출간했을 때 신선한 충격을 느꼈다.³ 이런 건축 읽기 작업은 1960년대의 한국성 모색이나 전통 논쟁과는 다르다. 건축가 권태훈과 같은 드러내지 않는 저변의 고수들이 있다는 사실과 더불어 우리 도시의 보편적 일상 건축에서 혁신이 시작될 수 있다는 가능성을 보았다.

김진휴와 남호진은 '기둥 없는 필로티,' '숨겨진 프레임' '구성·구조,' 세 키워드로 일원동 다세대주택을 설명했다. 평면과 단면 구성, 장 스팬의 필로티, 상부를 떠받치는 특수 구조, 박공지붕에 숨겨진 철골구조, 외벽 두께를 줄이기 위한 단열재 삽입 방식을 담백한 어휘로 풀어나갔다. 길과 만나는 열린 주차장, 정북 방향 사선제한으로 얻어낸 테라스, 가변적인 내부 공간을 어떻게, 왜 만들었는가 그 과정과 해법을 이야기했다. 그러나 건축 스튜디오 크리틱에서 흔히 등장하는 '개념'은 등장하지 않았다. 이는 최종 후보작인 베이직스 사옥의 건축가 김대일(리소건축), 빛의 루의 건축가 김재경의 발표에서도 마찬가지였다. 공간과 형태를 만들기 위한 건축의 기본은 만드는 것(constructional)이라는 전제가 깔려 있었다.

건축의 진정한 힘은 어려운 말로 설명하지 않아도 느껴지는 영역에 있다. 수잔 랭거는 생각(thought)과 느낌(feeling)을 구분했다. 생각은 머리, 느낌은 마음의 세계다. 건축가들은 자신의 생각을 종종 언어로 개념화한다. 랭거의 은유를 빌리면 이런 경우 대부분 비담론의 넓은 바다에서 담론의 작은 섬에 갇히게 된다.⁴ 김진휴와 남호진은 다양한 문화권에서 이런 문제의식을 체감하고 체득했을 것이다. 특히 스위스에서의 실무 경험이 깊은 영향을 주었을 것이다. 발표에서 구사한 이들의 언어와는 아주 다른 직관, 감각, 느낌의 세계가 김남건축의 홈페이지에서 묻어난다. 절제된 형태, 정교한 디테일, 담백하면서도 풍부한 물성과 색상이 일련의 작업을 관통하고 있다.

일원동 다세대주택은 전면 폭보다 깊이가 긴 종심형의 대지에 서 있다. 두 건축가는 대지를 종으로 3분할하고 1층 중심부에 필로티를 대체하는 계단실을 배치하여 구조적으로 상부를 떠받는 구성을 선택했다. 좁은 대지에 필로티 기둥을 세우고 주차면을 끼워 넣는 옹색한 해법 대신 좌우로 개방된 공간을 만들었다. 이를 위해 소규모 주택에서는 예외인 3미터가 넘는 캔틸레버를 도입했다. 3분할된 평면 2, 3층에 한 뼘의 공간도 낭비하지 않고

6세대의 주택을 치밀하게 배치했다. 3분할 평면이 만들어낸 중심성과 대칭성은 전면도로와 마주한 1–3층 입면에서 표현된다. 그러나 4, 5층에서 정북 방향 일조 사선제한으로 중심성과 대칭성이 깨진다. 매스가 한쪽으로 밀려난 어색한 비대칭은 L-D-K를 테라스 옥상정원 방향으로 전환하고 내부공간을 여는 영리한 전략으로 상쇄된다. 입면의 3부 구성(tripartite composition)은 층별로 다른 재료와 물성으로 극대화되는데, 그 안에는 철근콘크리트 구조와 철골조가 숨겨져 있다. 평면에 구현된 기하학적 엄격함, 단면에서 보여주는 법규와 기능의 역발상, 외피에서 드러나는 섬세함과 정교함의 결합에서 한국의 도시 상황에 스위스성이 중첩된 것을 느낀다.

건축가 김진휴와 1학년 스튜디오를 함께 지도한 경험이 있다. 4명의 튜터가 프로그램을 만들고, 매주 만나서 각 반의 진도를 공유하고, 공동 크리틱을 했었다. 진지하고 겸허한 학생들과의 대화, 그러면서도 예리하고 솔직한 크리틱이 인상적이었고, 그에게 많은 것을 배웠다. 수상 소식을 듣고, 한국건축역사학회 작품상위원회가 보석을 찾아낸 것이 반가웠다.

일원동 다세대주택의 대지는 60평이다. 2016년 기준 서울 전체 130만여 개 필지의 평균 면적은 75평(250m^2)이다. 서울시는 90m^2 이하 필지를 과소 필지로 규정하고 그 이하로 필지가 분할되는 것을 억제해왔다. 하지만 이보다 작은 필지가 역사 도심과 구릉지에 많이 있다. 강남은 강북보다 대지가 더 넓고, 하나의 필지로 합쳐진 아파트 단지는 서울시 평균보다 수백 배 더 크다. 일원동 다세대주택의 대지는 서울의 산술적 평균치에 근접한다. 나는 서울의 가장 넓은 용도지역(2종 일반주거지역)에, 평균 크기의 대지에, 법정 밀도(건폐율 50%, 용적률 200%), 법정 층수(4–5층), 근생-주거의 단면 구성을 적용한 건축을 '중간건축'이라고 정의한 바 있다. 중간건축은 아파트와 비아파트로 양분된 서울의 도시건축 향방을 결정할 것이다.

세계화 속 건축 생태계는 꼭대기는 뾰족하고, 바닥은 넓고, 중간은 잘록한 예각 피라미드 구조를 띠고 있다. 꼭대기는 국경을 초월한 소수 스타 건축가의 리그다. 그들 아래에는 과노동과 저임금을 마다하지 않는 세계 명문대 졸업생들이 대기하고 있다. 피라미드 바닥은 집 장사와 영세한 시공자들이 만드는 익명의 건축 시장이다. 문제는 피라미드 중간이다. 밑바닥을 중간으로 끌어올려 허리를 두툼하게 만들어야 한다. 김진휴와 남호진은 좀 더 좋은 건축에 사람들이 살게 하자는 건물주가 늘어나고 있다고 했다. 숫자는 미미하지만, 이면도로 중간건축은 건축 생태계를 서서히 변화시키고 있다. 한국건축역사학회 일원동 다세대주택의 작품상 수상은 남다른 무게감을 가지며, 아래에서 위로의 변화에 힘을 싣는 계기가 될 것이다.

김성홍
서울시립대 건축학부 교수. 2007-2010년 프랑크푸르트, 베를린, 탈린, 바르셀로나, 서울에서 열린 〈한국현대건축전〉을 기획했고, 2016년 베니스 비엔날레 건축전 한국관 〈용적률 게임〉의 예술감독을 맡았다. 주요 저서로 『Megacity Network』(2007), 『도시건축의 새로운 상상력』(2009), 『On Asian Streets and Public Space』(2010, 공저), 『길모퉁이 건축』(2011), 『Future Asian Space』(2012, 공저), 『The FAR Game』 (2016, 공저), 『서울 해법』(2020) 등이 있다.

한국건축역사학회 작품상 운영규정

2019. 01. 03. 제정
2020. 04. 04. 개정
2023. 07. 31. 개정
2024. 06. 25. 개정

한국건축역사학회 작품상 개요
한국건축역사학회 작품상은 건축설계 분야에서 건축 및 도시의 역사적 맥락을 뛰어나게 해석하여 적층된 시간의 힘을 창의적으로 드러낸 최근 준공작을 대상으로 하며, 그 건축가에게 수여한다.

수상 후보자의 자격
건축설계 작품을 실현한 건축가 누구나 (학회 회원이 아니어도 무방)

작품상위원회의 구성과 운영
작품상위원회는 작품상의 세부선정기준을 정하고, 수상후보 작품의 추천 및 선정절차를 총괄한다. 작품상위원회는 학회 회원으로 구성한다. 위원의 임기는 2년으로 하되 연임할 수 있다.

작품의 추천과 선정 절차
1. 추천작은 학회 정회원 및 작품상위원회의 추천으로 한다. 작품상위원회에서는 기간을 정하여 추천 절차를 진행한다.
2. 작품상위원회는 추천된 작품을 대상으로 1차 심사를 진행하여 3배수 이내의 최종 후보작을 선정한 후 이사회의 승인을 받는다.
3. 작품상위원회는 작품상선정소위원회를 소집하여 2차 심사를 진행한 후 수상작을 선정한다.

작품상선정소위원회의 구성과 운영
작품상선정소위원회는 작품상위원회 산하에 두며, 위원장(부회장)을 포함한 5인으로 구성하되, 위원은 작품상위원회 위원 3인과 이사회 추천 외부인사 1인으로 한다.
작품상선정소위원회 외부위원은 이사회의 추천을 받아 회장이 위촉한다.

작품상 수상자 확정
작품상위원회에서 선정한 최종 수상작이 이사회에 보고되면, 특별한 결격 사유가 없는 경우 이를 수상작품으로 결정하고 학회 홈페이지 등에 공지한다.

시상의 시기 및 부상
작품상은 춘계학술대회(5월 임시총회) 혹은 추계학술대회(11월 정기총회)를 기해 시상함을 원칙으로 한다. 수상작 및 최종 후보작을 시상하고 작품집을 발간한다.